和利时过程控制系统(DCS)
从零基础到实战

主 编 方 垒

天津大学出版社
TIANJIN UNIVERSITY PRESS

图书在版编目（CIP）数据

和利时过程控制系统（DCS）从零基础到实战 / 方垒
主编. -- 天津：天津大学出版社，2022.11（2024.6重印）
　　ISBN 978-7-5618-7360-1

　　Ⅰ.①和… Ⅱ.①方… Ⅲ.①可编程序控制器－教材
Ⅳ.①TM571.61

　　中国版本图书馆CIP数据核字(2022)第236690号

HELISHI GUOCHENG KONGZHI XITONG (DCS) CONG
LINGJICHU DAO SHIZHAN

出版发行	天津大学出版社	
地　　址	天津市卫津路92号天津大学内（邮编：300072）	
电　　话	发行部：022-27403647	
网　　址	www.tjupress.com.cn	
印　　刷	廊坊市瑞德印刷有限公司	
经　　销	全国各地新华书店	
开　　本	787 mm×1092 mm　1/16	
印　　张	15	
字　　数	350千	
版　　次	2022年11月第1版	
印　　次	2024年6月第4次	
定　　价	50.00元	

本书编委会

主　　编：方　垒

副主编：高　山　郑笑宾　杨春伟

　　　　　贵振方　尚　峰　刘丽娜

前　　言

  HOLLiAS MACS K 系统是杭州和利时自动化有限公司(以下简称和利时公司)推出的第五代高可靠性集散控制系统(DCS 系统),它由 K 系列硬件和 MACS V6.5 软件组成。HOLLiAS MACS K 系统基于国际标准和行业规范进行设计,可根据不同行业的自动化控制需求,提供专业、全面的一体化解决方案。

  本书从工程应用的角度出发,以工程实例为引线,依据 HOLLiAS MACS K 系统产品的特点,深入浅出地介绍了 HOLLiAS MACS K 系统产品的结构、硬件功能及配置、软件安装、工程组态及下装调试等内容,是学习 HOLLiAS MACS K 系统产品的辅助教材。

  本书共分 6 章,各章内容如下。

  第 1 章通过介绍 DCS 的相关概念及环境,使读者了解 DCS 在工业控制中的地位与作用。

  第 2 章主要介绍 HOLLiAS MACS K 系统的系统结构,以及在系统结构中各站的作用和网络配置方法等。通过学习本章内容,读者能够了解 DCS 的功能,并能够根据现场实际需求完成站和系统网络的配置。

  第 3 章主要介绍 K 系列现场控制站的组成、模块工作原理及使用方法等。通过学习本章内容,读者能够了解 K 系列现场控制站的基本配置与安装方法,并能够监控现场控制站内各模块的状态。

  第 4 章主要介绍 MACS V6.5 软件的工作环境与安装方法。学习本章内容后,读者能够根据需求独立完成软件的安装与设置。

  第 5 章主要介绍如何使用 MACS V6.5 软件完成工程组态,以工程实例为引线,通过对案例工程控制要求的分析,带领读者逐步完成工程组态,使读者能够独立完成组态。

  第 6 章为 DCS 的典型应用,目的是通过对案例工程关键场景的组态展示,使读者加深对 DCS 相关知识的理解。

  本书由和利时公司组织编写,在编写时突出内容直观易懂、结构清晰、实用性强等特点,力求使读者在最短的时间内掌握最重要的知识。本书通过工程实例的引用,使内容更贴近现场,让读者更易理解相关操作方法,达到从零基础到实战的目的。

编者

2022 年 6 月

目　　录

第 1 章　和利时 DCS 基本原理

1.1　DCS 实施环境

集散控制系统(Distributed Control System，DCS)也称为"分布式控制系统"，是一种工业中常用的过程控制系统。本书主要介绍 HOLLiAS MACS K 系统 DCS 的基本原理与操作方法。在对 DCS 进行深入了解之前，需要先了解 DCS 是如何进行控制的，以及它控制的对象和工作环境。

1.1.1　工业分类介绍

根据工业生产过程状态，工业可以分为流程工业和离散工业。

流程工业的特点是工业生产过程连续，生产一旦建立需不间断地将原材料进行输送加工，并对生产过程进行连续控制以保证产成品的质量。在对生产的连续控制中，典型的被控参数为温度、压力、流量、液位、转速等。这类参数的特点是它们的数值随时间连续变化，一旦控制中断可能会由于压力过大、转速过快等参数异常导致生产事故的发生。典型的流程工业有核电、火电、热电、新能源、石化、化工、冶金、建材、制药、食品、造纸等[1]。

离散工业的特点是工业生产过程可间断，生产建立后可以根据需求停止在某一阶段，并对产成品的质量不会产生影响。离散过程控制的参数一般为数量、位置、状态等。典型的离散工业有皮革业、汽车制造业、楼宇自动化、半导体业、木制业、橡胶制造业、印刷出版业等[2]。

1.1.2　DCS 与现场设备的关系

DCS 主要用于连续过程的控制，为流程工业服务。想了解 DCS 如何与流程工业中的生产设备产生关联并达到控制目的，首先需要了解控制系统与生产工艺之间的枢纽——仪表。

正常生产过程中需要控制关键工艺参数，如温度、压力、流量、液位等，这些参数是否稳定直接影响产成品的质量和生产过程的安全。例如在啤酒的生产过程中，精馏过程的温度控制直接影响产成品啤酒的纯度，反应罐压力过大影响生产设备的安全运行。当出现参数波动影响生产，或有生产调度需求而参数不满足时，需要通过控制执行器调节工艺参数，从而达到稳定参数的目的。若需要自动完成这些控制，必须能够自动检测现场工艺参数的状态，经过运算并输出控制指令调节现场执行器，其中用于完成自动检测任务的设备就是"检测仪表"。

常用的检测仪表根据检测参数进行分类，例如热电阻用于温度检测，质量流量计用于流量检测。虽然这些检测仪表分类不同,检测的参数也不同,但为了能够把检测的参数传送到 DCS,必须把检测到的物理信号转换成 DCS 可识别的电信号,再通过信号线传送到 DCS。DCS 接收到相应信号后进行判断运算,并将控制信号输出到现场的执行设备,以改变执行设备状态,从而达到调节参数的目的。

图 1.1 为水箱液位控制系统,其过程控制为典型的水箱液位控制闭环回路(如图 1.2 所示)。主要设备(被控对象)为水箱,被调参数(被控量)为水箱液位,调节目的是使水箱液位满足生产要求。

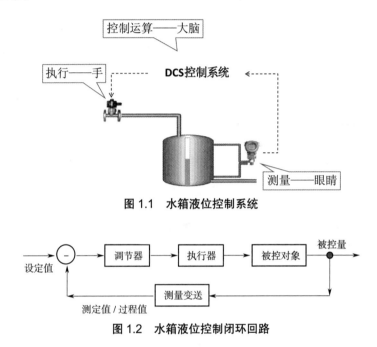

图 1.1　水箱液位控制系统

图 1.2　水箱液位控制闭环回路

水箱液位控制系统的调节过程:首先由液位变送器检测水箱液位的实时值,并转换为 4~20 mA 的电信号,通过信号线传送到 DCS。DCS 经过控制运算(内部的 PID 调节器)输出控制信号并传送到现场的调节阀,通过改变调节阀的开度达到自动调节液位的目的。

1.2　DCS 概述

DCS 是一种流程工业常用的控制系统,其控制特点为分散控制和集中管理。

分散控制可降低控制的危险性。一般流程工业现场设备比较复杂,控制点繁多且危险性较大。DCS 通过光纤远距离传输等方式,可使 DCS 监控设备安装在远离危险源的地点。DCS 系统内的 I/O 单元互相独立且分散采集数据,不会因一个模块故障而影响整个采集系统的正常运行。DCS 系统内的程序根据现场设备的划分分配到不同的主控制器,杜绝了由于某个主控制器故障引起整个控制系统瘫痪的情况。DCS 模块化分散控制大大降低了控制的危险性。

集中管理可提高人机互动效率。在现场生产运行过程中,操作人员通过 DCS 对现场工况进行监视和控制。DCS 采用成熟的 HMI 界面,把现场信息集中显示在画面上,并通过画面预先设置的面板发出控制命令,除此之外还能够通过 HMI 界面查看各种运行参数。相比基地式仪表控制系统,DCS 大大提高了生产效率。

1.2.1　DCS 在工业结构中的作用

流程工业结构主要包括现场工艺设备平台、DCS 控制设备平台、信息管理设备平台、企业管理设备平台,如图 1.3 所示。

图 1.3　流程工业结构

1. 现场工艺设备平台

现场工艺设备平台是由参与现场生产的动设备和静设备所组成的平台,检测仪表等设备通常直接安装在此平台上。

2. DCS 控制设备平台

DCS 控制设备平台的核心是 DCS 控制系统,主要用于对现场工艺设备平台进行监控。这部分是本书的主要内容,将会在随后的章节中详细介绍。

3. 信息管理设备平台

信息管理设备平台主要完成整个生产过程的优化管理,通过专用信息管理软件获取DCS 控制设备平台的生产数据,进行智能分析,为管理者提供数据分析报表和设备管理信息等。

4. 企业管理设备平台

企业管理设备平台不仅要管理生产数据,还要管理企业其他部门的相关数据,以便形成更有效的数据共享与沟通机制,实现对企业经营全过程的监控。

1.2.2　DCS 技术

了解 DCS 技术是深入学习 DCS 的基础。下面主要介绍 HOLLiAS MACS K 系列 DCS的相关技术概念,以便读者更好地理解 DCS 的相关功能。

(1)全面冗余技术。冗余是指两个具有同样功能的设备互为备用,当一个设备故障时自动切换到另一个设备,保证工作正常进行,不会受到干扰。这样的冗余技术大大提高了系统的可靠性。HOLLiAS MACS K 系列 DCS 系统已经实现了全面冗余设计。

（2）热插拔技术。热插拔是指 DCS 系统内的模块可以带电插拔进行更换,不会影响其他模块的正常运行,热插拔技术大大提高了系统维护效率。

（3）自诊断技术。自诊断是指设备进行自我状态诊断,例如 I/O 模块检测到本身故障时,会向上报警并提示其采集的 I/O 信息有误,避免系统使用错误数据进行计算从而影响准确性。

（4）低功耗设计技术。在和利时 DCS 系统中,低功耗设计的目的是通过降低模块的电源功耗来降低模块的发热量,延长模块的使用寿命。

1.3　和利时 DCS 介绍

1.3.1　HOLLiAS MACS K 简介

HOLLiAS MACS K 是由和利时基于先进自动化技术开发的集成工业自动化系统。它用一个开放的系统软件平台,将和利时多年开发的各种自动化系统和设备进行有机结合,可根据不同行业的自动化控制需求,提供专业解决方案。其子系统覆盖了企业经营管理层、企业生产管理层和装置与过程控制层,如图 1.4 所示。

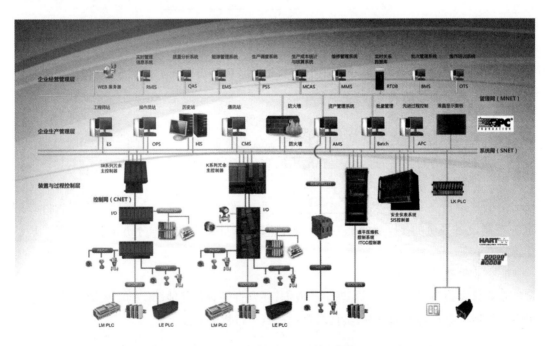

图 1.4　HOLLiAS MACS K 系统

HOLLiAS MACS K 具有以下特点。

1. 信息化和集成化

HOLLiAS MACS K 在开放式实时关系数据库的基础上实现了多个管理子系统,并集成了多种满足不同行业用户需求的控制系统和设备。控制器组态符合 IEC 61131-3 标准,不仅拥有平台的高性能通用控制算法,还可以集成各种层次的控制功能。

2. 分散 / 集中架构

通过多种现场总线,特别是 Profibus-DP 和 Profisafe-DP,支持多种分布式主控单元和智能仪表。同时,监视平台可提供高效的集中管理。

3. 经济性

由于在系统集成化和现场总线方面的进步,用户可灵活配置系统,从而降低总体费用。

4. 开放性和专业性

HOLLiAS MACS K 通过开放的数据库和网络接口、协议以及总线,可在各个层面上与第三方系统或设备连接。

HOLLiAS MACS K 系统集成火电、化工等各行业的先进控制算法平台,为工厂自动控制和企业管理提供深入、全面、专业的解决方案。

在 HOLLiAS 系列中,MACS V6.5 系统架构从上到下分为以下两层。

1. 企业生产管理层

这一层主要包括操作员站、工程师站、历史站、交换机等,它通过一个 TCP/IP 协议的冗余以太网与下层进行通信,将经过处理的现场采集数据显示给用户,并将用户的操作指令传递给下层。各个设备(包括 OPS、ES、CMS、HIS 和打印机等)通过两组交换机连成网络。重要设备,例如历史站、交换机等均冗余配置,以保证系统通信的可靠性。

2. 装置与过程控制层

这一层主要包括 FCS、I/O 模块等。FCS 通过 I/O 总线与 I/O 设备进行通信,I/O 设备将采集到的数据传输给控制站中的 MCU,由它将需要显示的数据传递给监测控制层,从上层来的指令以及 FCS 生成的指令将被传递给现场执行器。通过配置专用硬件模块,现场控制层可支持 HART 和 FF 总线协议与第三方设备通信。

1.3.2　和利时 DCS 发展

和利时公司始创于 1993 年,是全球自动化系统解决方案主力供应商。和利时公司业务包括工业自动化、交通自动化、医疗大健康和能源环保四大板块,覆盖国计民生主要行业。

和利时公司基于近 30 年工程项目实践,以及对生产工艺、经营管理、行业规范的深刻理解,打造了以企业互联为基础的自动化、数字化、智能化硬件和软件产品集群,并提供一体化集成解决方案。其中 HOLLiAS 系列 DCS 主要面向流程行业,服务于发电、化工、油气、核能等领域,实现用户生产运营的安全、高效,为社会支柱产业的安全可靠、自主可控贡献价值。

和利时公司经过不断创新与发展,在 2013 年自主研发了第五代 DCS 系统 HOLLiAS MACS K,除了保留前期硬件系统的优点外,系统本身采用了全冗余、多重隔离等高可靠性设计技术。HOLLiAS MACS K 基于工业以太网和 Profibus-DP 现场总线构架,可轻松集成 SIS、PLC、MES、ERP 等系统,使现场智能仪表设备、控制系统、企业资源管理系统之间的信息无缝传送,实现工厂智能化、管控一体化,帮助生产企业实现最小的全生命周期维护成本和最大的设备投资回报。

第2章　和利时 DCS 系统结构

  DCS 系统结构是整个 DCS 系统的基础,也是 DCS 系统的框架,了解 DCS 系统结构,对现场故障排查与维护有很大的帮助。

  DCS 基本架构如图 2.1 所示,包括用于数据采集的 I/O 输入模块、用于程序运算的主控制器和用于数据输出的 I/O 输出模块,以及用于人机互动(数据监控)的 HMI 人机界面。DCS 系统配有开放的第三方通信接口,用于与第三方设备通信。

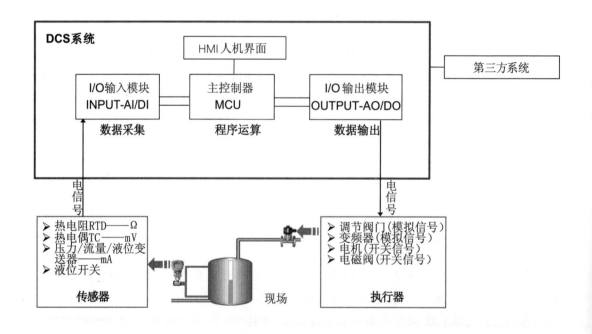

图 2.1　DCS 基本架构

  和利时 DCS 系统通过工业通信网络,将分布在工业现场附近的工程师站、操作员站、历史站和现场控制站等连接起来,完成对现场生产设备的分散控制与集中管理。

  和利时 DCS 系统 HOLLiAS MACS K 由"站"和"网络"组成,如图 2.2 所示。

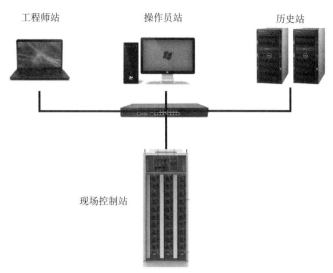

图 2.2　HOLLiAS MACS K 结构示意图

2.1　HOLLiAS MACS K 系统结构——站

　　和利时 DCS 中的站是指具有一定功能的独立的物理设备,如工业计算机、现场控制柜等,不同功能的站有不同的名称。这些站作为系统网络中的通信节点,在同一工业局域网络中相互通信。

　　HOLLiAS MACS K 系统结构包括工程师站、操作员站、历史站和现场控制站,如图 2.3 所示。不同类型的站对应不同的物理设备,其中工程师站、操作员站和历史站对应的物理设备为工业计算机,现场控制站对应的物理设备为和利时自主生产的控制柜。目前和利时现场控制站分为 FM 系列、SM 系列和 K 系列,本书主要讲解的是 K 系列现场控制站。

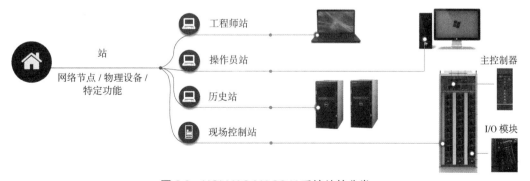

图 2.3　HOLLiAS MACS K 系统站的分类

2.1.1　工程师站

　　工程师站的主要功能是组态和下装,其中组态是 DCS 应用过程中必不可少的环节。

　　一般在一个标准配置的 DCS 中，必须配有工程师站，也有些小型系统不配置专门的工程师站，而将其功能合并到某台操作员站中。

　　"组态"是利用工程师站软件对某个特定工程项目的具体应用进行一系列定义。例如：系统要进行什么样的控制；系统要处理哪些现场信号，这些现场信号要进行哪些显示、历史数据存储等功能操作；系统的操作员要进行哪些控制操作，这些控制操作具体是如何实现的；等等。一些系统内部信息，如现场控制站的负荷状态点等会在组态软件中按站配置，编译系统时自动生成，无须人工干预。

　　"下装"是把编写好的组态控制程序通过相应网络传送到对应的站内，使这些站按照预先编写的内容运行，是工程师站通过网络向其他三个站传送文件的过程。例如组态的图形画面、登录权限和报表等信息应下装到操作员站中，组态的历史数据点、实时数据点和报警等信息应下装到历史站中，组态的 I/O 数据点、模块配置和控制逻辑程序等信息应下装到现场控制站中，从而实现各个站的控制功能。工程师站的下装对象如图 2.4 所示。

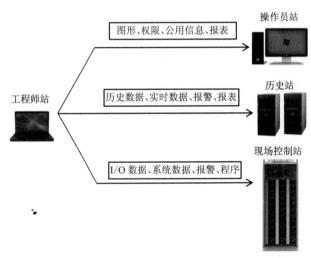

图 2.4　工程师站的下装对象

　　组态工作是在系统运行之前进行的，或者用术语说是离线进行的，一旦组态完成，系统就具备了运行能力。工程师站对离线组态的信息下装的过程通常也叫"在线下装"。"在线"是指工程师站连接在工业网络中，并与其他站产生数据交换。"在线下装"可能会改变下装站运行的部分或全部信息，所以下装过程需要谨慎，具体下装注意事项请参看第 6 章内容。

　　当系统在线运行时，工程师站可起到对 DCS 本身的运行状态进行监视的作用，以便及时发现系统出现的异常，并及时进行处置。通过工程师站的"在线"功能可读取现场控制站中的实时数据，并支持直接对现场控制站的某些点进行写值或强制。在实际项目调试中，通过工程师站控制器"在线"功能，可以对现场控制站的程序和测点进行调试或强制。

2.1.2　操作员站

　　操作员站主要完成人机界面的功能，一般采用工业计算机系统，其配置与常规的桌面系统相同,一般要求有大尺寸的显示器,有些系统还要求每台操作员站使用多屏幕,以拓宽操作员的观察范围。

操作员站的主要功能是对系统状态和工程状态进行在线监视和控制。操作员站的主体功能是在"在线"状态下完成的,即工程运行过程中,操作员站始终需要与历史站、现场控制站进行实时数据交换。

操作员站的"监视"功能主要是通过网络获取历史站和现场控制站的信息,把相应信息显示在上层画面上。监视信息包括两大类,分别为工艺信息和系统信息。

工艺信息主要包括工艺参数、报警、趋势、报表等。液位变送器检测的液位信号送入现场控制站,再由现场控制站通过系统网络送到操作员站显示操作站与其他设备的关系,如图 2.5 所示。监视系统数据和工艺数据是非常重要的,通过监视数据可以判断工况是否稳定,及时获取系统或现场设备异常信息并及时处理,避免产生事故。

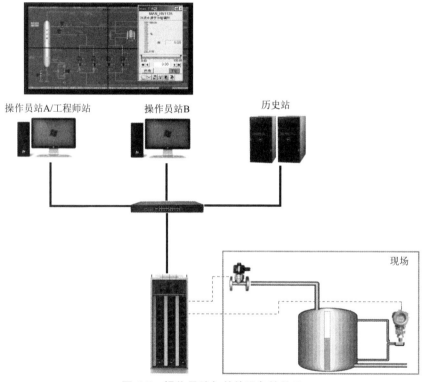

图 2.5　操作员站与其他设备的关系

操作员站的"控制"功能主要是由操作人员发出命令干预设备状态。例如可通过操作员站运行画面中的 PID 操作面板发出调节阀控制命令或参数修改命令到现场控制站,再由现场控制站程序运算后把控制信号通过 I/O 输出模块送到现场调节阀,使调节阀动作,用于完成对现场设备的控制。操作员站发出的命令不仅可以干预现场设备状态,还可以干预系统设备状态。例如通过操作员站界面上的功能按钮完成对系统设备(历史站、现场控制站主控制器)的主从切换。

2.1.3　历史站

历史站的主要功能是提供各种服务，包括历史数据服务、实时数据服务、高级计算、报警服务、校时服务等，具体内容如下。

（1）历史数据服务：把工程运行过程中产生的测点数值信息、报警信息、日志信息等存储到历史库中，便于用户对历史信息进行查看、分析。

（2）实时数据服务：将采集现场控制站中的测点实时信息写入实时库，完成对信息的处理，并可作为服务端向操作员站提供实时数据。

（3）高级计算：一些参与控制或显示的通信点、中间点（如光子牌）和简单控制逻辑可定义在历史站内（0# 站的点），高级计算服务会周期性地从实时库中读取这些点（0# 站的点）的数据，供 0# 站运行使用。运算结束后，高级计算将运算结果再回写到实时库中。

（4）报警服务：对系统和现场故障信息进行处理并生成报警，为操作员站提供报警信息。

（5）校时服务：为整个 DCS 系统内的各个站提供统一的时间源。为了保证时间源的一致性，主历史站作为 DCS 系统的时间源，对从历史站、各个操作员站和双网全好最小号控制站的主控制器进行校时，双网全好最小号控制站的主控制器再对其他控制站的主控制器校时。HOLLiAS MACS K 系统内校时关系如图 2.6 所示。

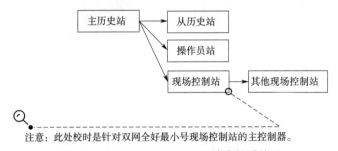

注意：此处校时是针对双网全好最小号现场控制站的主控制器。

图 2.6　HOLLiAS MACS K 系统内校时关系

历史站的冗余：在 DCS 系统中，由于历史站的重要性，通常采用两台工业计算机作为冗余历史站，并把它们分别标记为 A 历史站和 B 历史站。在运行过程中，根据历史站的运行状态把它们区分为主历史站（状态显示为绿灯）和从历史站（状态显示为黄灯）。

主历史站负责提供服务，并与其他站进行数据交换。从历史站作为备用机会周期性地同步主历史站的数据。当主历史站出现故障时（如中央处理器（CPU）负荷高、数据通信中断等），从历史站会自动检测到故障状态，并自动切换为主历史站。由于两台历史站的数据是同步的，所以历史站之间的切换对现场运行是无扰动的。

DCS 系统中有两台历史站，分别为 A 机和 B 机，运行初始状态 A 机为主历史站，B 机为从历史站。当 A 机发生故障时，B 机会自动切换为主机，A 机变为从机。历史站的切换如图 2.7 所示。

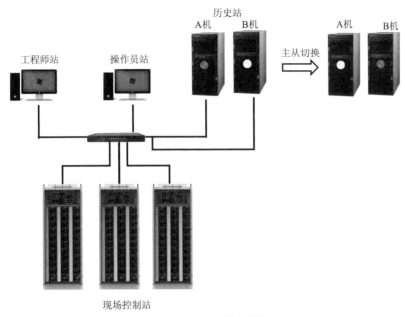

图 2.7　历史站的切换

2.1.4　现场控制站

在 DCS 系统结构中,现场控制站内的原件最多,设备构造最复杂。在整个工程运行过程中,现场控制站直接与现场检测仪表和执行设备进行数据交换,对现场的影响最大,所以尤为重要。

在现场控制站内,有两种重要的功能性模块,分别为主控制器和 I/O 模块,它们体现了现场控制站的主要功能,现场控制站与现场仪表执行设备关系如图 2.8 所示。

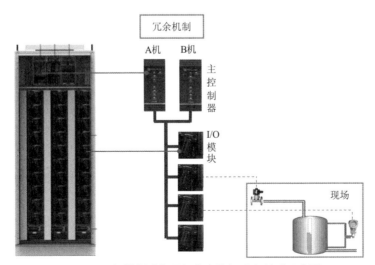

图 2.8　现场控制站与现场仪表执行设备关系示意图

（1）主控制器主要用于 I/O 数据的处理与程序的运行,是最重要的控制运算设备。它相当于现场控制站的大脑，所有来自 I/O 模块的信息都要由它进行处理，并且以毫秒级的速度运行工程师站为其编写的程序。现场控制站与工程师站、操作员站、历史站进行数据交换时，数据收发对象是现场控制站的主控制器。

（2）主控制器的冗余。主控制器非常重要，所以每个现场控制站会配置冗余的主控制器，当一台主控制器出现故障时自动切换到另一台主控制器，以提高其可靠性。如图 2.8 所示，现场控制站内的两台主控制器按其安装位置分别标定为 A 机和 B 机，按其运行状态分为主机和从机。运行时主、从机都进行数据处理，但只有主机向外发送控制数据（主、从机的区分请参照第 3 章内容）。为了使切换主控制器后的控制输出数据是无扰动的（不会因为主、从机内的控制输出数据不一致而造成现场执行设备的误动作），主机与从机之间会实时同步数据，以保证主、从机之间的数据一致。

（3）I/O 是指信号的输入（Input）和输出（Output）。对 DCS 本身而言，从现场检测来的信号为输入信号，用 Input 表示；DCS 发送至现场的信号为输出信号，用 Output 表示。所以 I/O 模块主要用于 DCS 系统采集反馈信号和输出控制信号。I/O 模块除了通过信号线直接与现场设备进行数据交换外，还要通过控制网络与主控制器进行数据交换，以保证将反馈信号上传给主控制器，以及将主控制器的控制命令传送给现场设备。

（4）I/O 模块的信号处理。I/O 输入模块接收来自现场仪表的检测信号，对信号进行转换处理，并通过控制网络传送到主控制器。主控制器获得来自 I/O 模块的检测信号后进行处理运算，通过控制网络向 I/O 输出模块发出控制信号，并由 I/O 输出模块处理该信号，再通过信号线传送到现场执行设备，从而达到控制调节的目的。

2.2　HOLLiAS MACS K 系统结构——网络

在 DCS 系统结构中，操作站、历史站都需要与现场控制站进行快速的数据交换，整个 DCS 系统内不断进行数据传送，因此需要以网络为载体使得这些数据准确快速地在各个站之间传送。在 HOLLiAS MACS K 系统中，用于各个站之间进行数据交换的网络叫作系统网。

除了系统网之外，在现场控制站内部还有一种用于主控制器和 I/O 模块之间进行数据交换的网络叫作控制网。

本节主要介绍 HOLLiAS MACS K 系统结构中的两种网络——系统网和控制网。

2.2.1　系统网

在 HOLLiAS MACS K 系统结构中，系统网是用于连接各站（工程师站、操作员站、历史站和现场控制站）的网络，实现站与站之间的通信。

2.2.1.1　通信协议与站号分配

系统网通常采用的是五类屏蔽双绞线，在连接一些远程站时可采用光纤作为远距离传送介质。系统网在连接各站时采用的是 RJ45 接口，并用工业交换机作为网络拓扑设备。系统网连接方法如图 2.9 所示。

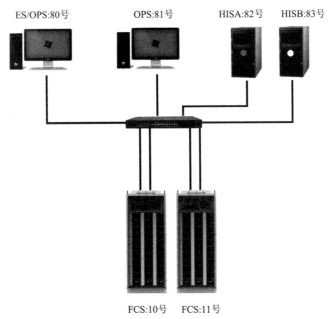

图 2.9　系统网连接方法

　　系统网采用的是 TCP/IP 协议,各站需采用 TCP/IP 协议进行数据收发,所以需要为每个站的系统网端口设置一个独立的 IP 地址。为了便于区分和设定各站的 IP 地址,系统网内的各站需按照一定规则分配站号。工程师站、操作员站、历史站这一类工业计算机设备统一分配站号范围为 80~111、208~239,并且同一个系统网内所有站地址之间的站号不能冲突。图 2.9 中,在同一系统网内,其中一个操作员站的地址设定为 80 号站,则其他设备上的操作员站、历史站不可以再设定为 80 号站,同一设备上操作员站可兼作工程师站或历史站。现场控制站的站号范围为 10~73,同一个系统网内现场控制站之间的站号不能冲突。在设定现场控制站站号时需要注意,通过系统网与其他各站进行数据交换的设备是现场控制站内的主控制器,每个现场控制站内有两个主控制器,每个主控制器都需要单独连接到系统网中,且两个主控制器共用一个站号。

2.2.1.2　系统网的网络结构

　　在连接各站时,可根据现场的复杂程度把系统网拓扑分为树型、星型、总线型或混合型,以满足不同现场的需求。根据数据流的传送方式,可以把系统网设置为 P-TO-P 型、C/S 型、P-TO-P 和 C/S 混合型。

　　P-TO-P 型(点对点型)。这种类型的数据传送方式是现场控制站与操作员站之间直接传送的,即使历史站因故障从系统网内退出也不会影响实时数据的监控。这种方式是系统网默认的数据传送方式。

　　C/S 型(客户端 / 服务器型)。在这种类型的数据传送方式中,历史站作为服务器,操作员站和现场控制站作为客户端。例如,10 号现场控制站向各操作员站传送 I/O 实时数据,需先把 I/O 实时数据传送到历史站,再由历史站把 I/O 实时数据传送到各操作员站。

P-TO-P 和 C/S 混合型。在 HOLLiAS MACS K 系统中,实时数据一般默认设置为 P-TO-P 类型,也可以根据现场需求单独将某个操作员站设置为 C/S 型。

2.2.1.3 冗余系统网的配置

在 HOLLiAS MACS K 系统结构中,通过将系统网配置为冗余网络来提高其可靠性,即每个站都连接两段相互独立且相同的网络来进行数据传送。为了区分它们,可将两段网络分别标定为 SNETA(系统网 A)和 SNETB(系统网 B),并分别通过两组独立的工业交换机对这两段网络进行拓扑。如图 2.10 所示,在互为冗余的两段网络中,其中一段网络故障则可通过另一段网络进行通信。

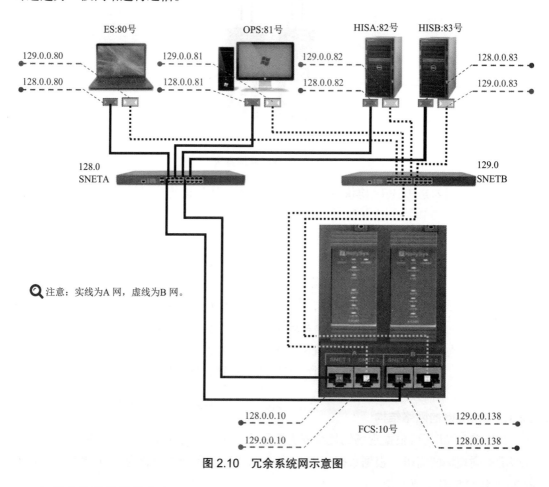

图 2.10 冗余系统网示意图

1. 冗余网络的连接方法

工程师站、操作员站和历史站实现系统网冗余的方法是每个站配置两个以太网口,分别标定为 SNETA(系统网 A)和 SNETB(系统网 B),两个接口的网络分别独立连接在两组工业交换机中,即所有站的 SNETA 接口的网络连接在 A 组工业交换机上,所有站的 SNETB 接口的网络连接在 B 组工业交换机上,以保证 SNETA 和 SNETB 两段网络互不干扰,真正实现互为冗余。

每个现场控制站内有两台主控制器,而每台主控制器都需要配置冗余的系统网,以便只有一台主控制器运行时也能够与其他站进行冗余通信。如图 2.10 所示,在设计现场控制站的主控背板时,每台主控制器对应两个以太网接口,分别为 SNETA 和 SNETB,用于连接系统网 A 和系统网 B。

2. 冗余网络的 IP 地址设定方法

由于系统网采用的是 TCP/IP 协议,每个站的以太网端口必须设置 IP 地址以便通过正确寻址进行数据通信。IP 地址的设置包含网段、域号和站号的设定。

在同一系统网内的设备需在同一网段中才能够直接进行通信,所以规定系统网 A 的前两位网段地址为 128.0,系统网 B 的前两位网段地址为 129.0,使两个系统网处在不同的网段中,保持网络通信独立。第三位地址为域号,用来区分和标定一个完整的工程(一个大型项目可能包含很多个工程,而这些工程也可以通过系统网连接在一起进行相互通信,标定域号就是为了能够区分在不同工程内的站设备地址)。第四位地址为站号,用来区分和标定 HOLLiAS MACS K 系统内每一个站设备的地址。站设备 IP 地址标定规则如表 2.1 所示,由于同一站号的现场控制站内有冗余主控制器,为了区分这两台主控制器的 IP 地址,B 主控制器的第四位地址是控制站的站号加 128。

表 2.1　站设备 IP 地址标定规则

设备网络	操作员站 / 工程师站 / 历史站	现场控制站(10~73)	
		A 主控制器	B 主控制器
SNETA	128.0. 域号. 站号	128.0. 域号. 站号	128.0. 域号. 站号 +128
SNETB	129.0. 域号. 站号	129.0. 域号. 站号	129.0. 域号. 站号 +128

图 2.10 中,0 号域 10 号现场控制站有两台主控制器,A 主控制器的 SNETA 端口 IP 地址为 128.0.0.10,SNETB 端口 IP 地址为 129.0.0.10;B 主控制器的 SNETA 端口 IP 地址为 128.0.0.138,SNETB 端口 IP 地址为 129.0.0.138。

2.2.2　控制网

控制网是存在于现场控制站内部的网络,主要用于主控制器和 I/O 模块之间的通信。控制网通过不同型号的 I/O-BUS 模块可拓扑成星型或总线型结构。冗余控制网星型结构如图 2.11 所示,每一列的 I/O 模块通过单独的总线电缆连接到 I/O-BUS 通信模块上。冗余控制网总线型结构如图 2.12 所示,每列 I/O 模块通过总线电缆与 I/O-BUS 通信模块串联在一起。星型拓扑形式能够连接的 I/O 模块最大数量为 100 块,优点是维护方便,网络节点故障时影响范围较小。总线型拓扑形式能够连接的 I/O 模块最大数量为 30 块,优点是结构简单。

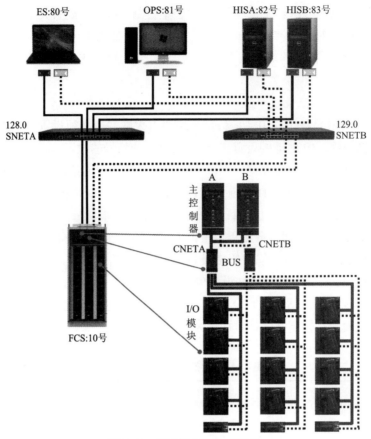

图 2.11　冗余控制网星型结构

　　为了提高可靠性，控制网同样支持冗余配置。配置方式为将两块 I/O-BUS 通信模块分别连接 CNETA（控制网 A）和 CNETB（控制网 B）。每一个 I/O 模块底座上都设置两个控制网接口，分别连接控制网 A 和控制网 B。

　　在 K 系列现场控制站中，控制网采用的协议为 Profibus-DP 总线协议，并规定 I/O 模块地址范围为 10~109。这里需要注意 I/O 模块地址在同一个现场控制站内是不能重复的，例如当 10 号现场控制站内有一个 I/O 模块标定地址为 10 时，则其他 I/O 模块的地址不能再标定为 10。

2.2.3　多域的网络结构

　　一个域对应一个工程，一个工程归属于某一个项目，并由独立的服务器、系统网络和多个现场控制站组成，完成相对独立的采集和控制功能。同一个项目内的域与域之间可以互相访问数据，并可以在同一操作员站对各个域进行监控。对一个域的组态、编译和下装不会影响其他域的在线运行。

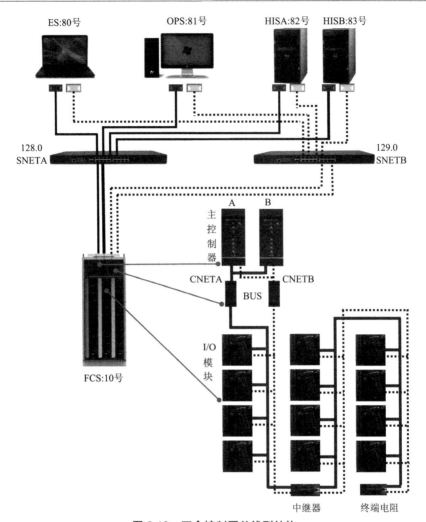

图 2.12　冗余控制网总线型结构

"域"即为工程,域与域之间用域号区分,域号范围为 0~14。如图 2.13 所示,在此系统内各节点 IP 地址的第三位为 0,而第三位地址用于进行域号的标定,所以这是一个 0 号域的工程。

一般在大型项目中,为了合理分配负荷和优化数据,会把大型项目拆分为多个工程,即多个域。如图 2.14 所示,项目 1 把 1 号机组、2 号机组和公用系统分别划分成三个工程即三个域,再把这三个域放在同一个项目中,就可以使域与域之间直接进行通信。如果域与域处在不同项目中则不能直接通信,如图 2.15 所示。HOLLiAS MACS K 系统最多可创建 32 个项目,一个项目最多有 15 个域。

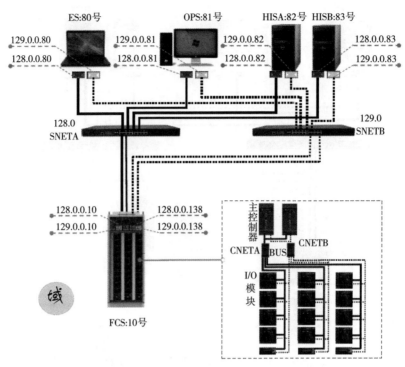

图 2.13 "单域"示意图

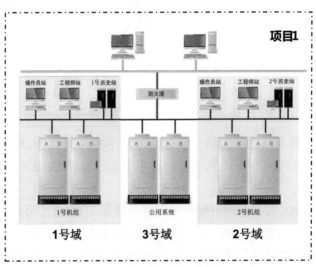

图 2.14 "多域"示意图

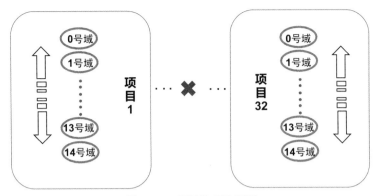

图 2.15　项目关系示意图

域与域之间进行通信时,需要通过域间交换机把两个或多个域的系统网连接起来,并通过软件设置需要通信的点名,才可完成域间通信,如图 2.16 所示。

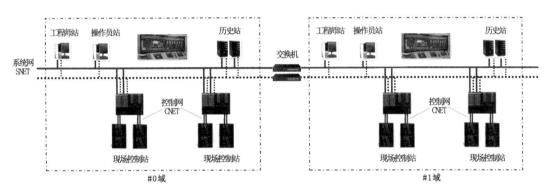

图 2.16　域间通信示意图

第 3 章　和利时 K 系列硬件

K 系列硬件即 K 系列现场控制站,采用全冗余、多重隔离、容错等可靠性设计技术,以保证系统在复杂、恶劣的工业现场环境中能够安全、稳定地长期运行。其支持多域,可满足大规模生产需求。本章主要讲解 K 系列现场控制站的结构与功能。

3.1　DCS 硬件组成概述

现场控制站负责本站控制逻辑的运算,向上与监控设备进行通信,向下与现场的仪表设备进行数据交换,处于控制层中最重要的位置,如图 3.1 所示。

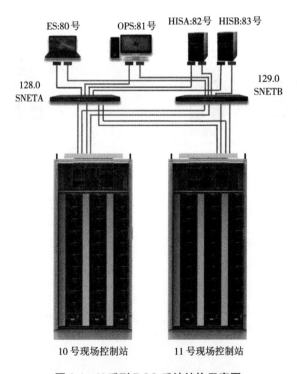

图 3.1　K 系列 DCS 系统结构示意图

主要组成硬件包括:①主控制器单元;②电源设备;③ I/O 设备;④通信设备;⑤预制电缆。

3.1.1　现场控制站主要优点

K 系列现场控制站是和利时公司基于工业以太网和现场总线技术设计开发的分布式、

开放式过程控制系统硬件,具有先进、可靠、易用等特点,主要优点包括以下几方面。

(1)支持多域,满足大规模生产需求。

(2)全冗余设计,有更高的可靠性。

(3)支持现场升级,维护方便。

(4)拥有更强的开放性,支持多种协议、多种接口,与第三方设备通信更便捷,并可与和利时其他产品无缝集成。

(5)CPU 采用 PowerPC 架构工业级芯片,内置防火墙。

(6)采用安全系统设计理念,具有更多的安全检测及防护功能,以保证系统安全运行。

(7)拥有高性能运算与防腐设计,通过德国权威机构认证。

3.1.2　现场控制站功能概述

现场控制站的主要功能有控制运算功能、I/O 信号采集与输出功能、与上层设备的数据交换功能、与第三方设备通信功能等,具体作用如下。

1. 控制运算功能

控制运算功能主要体现为现场控制站中的主控制器单元功能。工程师站编写的控制程序下装到主控制器中,所以现场控制站的主控制器主要承担程序运算功能。

2. I/O 信号采集与输出功能

I/O 信号采集与输出功能主要体现为现场控制站中的 I/O 模块功能。I/O 输入模块可以采集现场检测仪表信号, I/O 输出模块可以接收来自主控制器的命令并发送到现场的执行机构。

3. 与上层设备的数据交换功能

上层设备主要指系统内的工程师站、操作员站和历史站。现场控制站通过系统网络与上层设备进行数据交换。现场控制站不仅接收上层设备发出的命令,还把自身的数据提供给上层设备。值得注意的是,现场控制站内与上层设备进行数据交换的实际设备是主控制器单元。

4. 与第三方设备通信功能

现场控制站可通过连接在控制网中的通信模块与第三方设备通信。例如,现场控制站需要与现场空压机通过 MODBUS 协议通信时,只需要在现场控制站内增加 K-MOD 系列模块并进行软件设置即可。

3.1.3　现场控制站内部结构

本节把现场控制站划分为五部分进行介绍,分别是机柜外壳与风扇、主控制器单元与网络、I/O 单元、电源设备和接地系统,如图 3.2 所示。

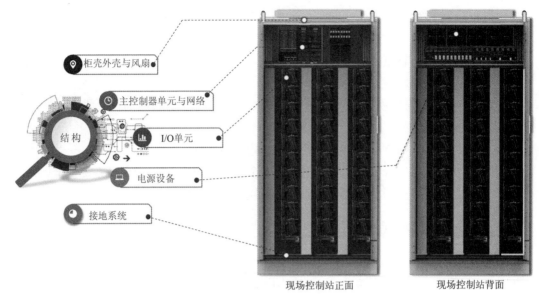

现场控制站正面　　　　　　　现场控制站背面

图 3.2　现场控制站结构示意图

1. 机柜外壳与风扇

机柜外壳主要用于承载和保护现场控制站内部元件。机柜外壳由柜门、侧板、风扇、底座组成。机柜顶部的两个内嵌式风扇用于现场控制站运行时为机柜内部元件散热。

2. 主控制器单元与网络

主控制器单元安装在机柜正上方，由主控制器、I/O-BUS 通信模块、四槽主控制器背板组成，主要完成控制运算等功能。网络包括系统网与控制网，主控制器单元既连接系统网又连接控制网，在四槽主控制器背板上有系统网和控制网的网络接口。

3. I/O 单元

I/O 单元主要由 I/O 模块和 I/O 底座组成，I/O 底座主要完成现场信号的接入与安全防护，同时 I/O 底座为 I/O 模块提供对应的地址设置。I/O 模块用于对数据进行处理、诊断、滤波等。I/O 模块与 I/O 底座需配套使用，不同类型的信号须选用对应类型的 I/O 单元来进行处理。I/O 单元与主控制器通过控制网进行通信，接收来自主控制器单元的指令或上传信号采集值给主控制器。

4. 电源设备

电源设备一般安装在机柜背面，具体位置可根据现场实际配置需求进行调整。电源设备的主要作用是为现场控制站提供工作电源。电源设备一般冗余配置，冗余的作用是提高电源的可靠性，当一路电源失电时不会影响现场控制站的正常工作。进入柜内的 220 V AC 电源需要通过配电模块和电源转换模块转换成 24 V DC 电源，为主控单元、I/O 单元等供电。

5. 接地系统

接地系统的主要作用是对电源、设备外壳、信号屏蔽层等进行接地，起到给电源等提供电位参考、信号干扰屏蔽、人身及设备保护等作用。机柜内底座上有接地铜排，铜排与底座之间由绝缘柱隔离。柜内接地线先连接在铜排上,再由铜排连接到柜外的接地板上,从而达到电流快速汇入大地的目的。

3.1.4 现场控制站扩展结构

在现场控制站中,承载主控制器的机柜为主机柜。当主机柜内 I/O 模块安装位置无法满足设计数量需求时,可以将部分 I/O 模块安装到其他机柜中,即扩展柜。主机柜与扩展柜通过通信电缆连接。

为了使扩展柜中的 I/O 模块与主机柜内的主控制器进行通信,主机柜与扩展柜之间需要进行控制网的连接,如图 3.3 所示。

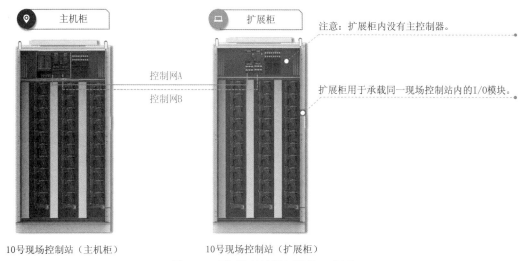

图 3.3　现场控制站扩展结构示意图

3.2 主控制器单元

主控制器单元主要由主控制器模块、I/O-BUS 通信模块及四槽主控制器背板组成,如图 3.4 所示。主控制器单元是现场控制站的核心部分,主要完成现场控制站内控制程序的运算、与上层设备的通信、与 I/O 设备的通信和工作电源的二次分配。

3.2.1 主控制器功能

3.2.1.1 主控制器的基本原理

主控制器是现场控制站的核心处理设备,接收现场数据,并根据控制方案输出相应的控制信号,实现对现场设备的控制,同时将数据提供给上位机。

图 3.4　主控制器单元

如图 3.5 所示，主控制器在实际运行过程中实时接收来自 I/O 模块的数据，并根据程序发到 I/O 模块的控制指令，对现场的执行设备进行控制。

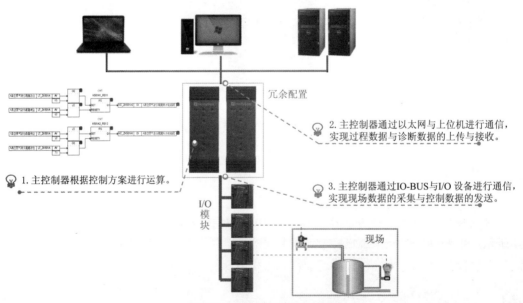

图 3.5　主控制器功能示意图

主控制器不与现场设备直接通信，与现场设备直接通信的是现场控制站内的 I/O 模块，主控制器只通过控制网来收发 I/O 模块的数据并进行运算处理。

上层设备（工程师站、操作员站、历史站）与现场控制站进行收发数据时，仅与现场控制站内的主控制器模块进行数据交换。例如，现场控制站接收来自操作员站的开关阀控制命令，把 I/O 实时数据上传到操作员站和历史站用于数据显示和存储等，都是读写主控制器内的数据。

主控制器除了要进行数据收发和控制运算外,还需要对其自身与所在 I/O 站内的设备状态进行诊断,并把诊断信息上传给操作员站、历史站进行显示和报警。诊断信息如下。

(1)硬件故障诊断:本机 DP 收发器故障诊断、内部电源故障诊断、时钟诊断、冗余网连接状态诊断、控制网连接状态诊断、掉电保护 SRAM 诊断等。

(2)温度状态诊断:印制板温度高报警等。

(3)掉电保护电池容量诊断:电池容量低于 2.8 V 时报警。

3.2.1.2　主控制器冗余工作方式

由于主控制器承担着整个现场控制站的控制运算功能,必须有效预防主控制器模块故障而导致现场发生不受控危险的情况,因此提高主控制器的可靠性是现场必须考虑的事情。在和利时 K 系列硬件中,主控制器可以采用冗余配置方式来提高其运行时的可用性与可靠性,即配置两块相同型号的主控制器模块,当其中一个发生故障时可自动无扰切换到另一个模块继续工作。

两个主控制器在正常工作时同时上电并连接在控制网中,但只有主机能向 I/O 模块发送控制指令,从机只运算不参与控制输出。主机与从机之间会实时进行状态监测,当监测到主机故障时,自动进行主、从切换,从机切换为主机进行控制输出。为了避免两台主控制器在切换时由于数据不一致而导致现场设备扰动,冗余主控制器间是实时进行数据同步的。由于两台主控制器内的数据一致,因此切换主控制器时对现场无扰动,即实现了主控制器的无扰切换功能。值得注意的是,在发生故障时,主、从机根据故障的严重情况进行自动冗余切换,始终以无故障或故障较轻的主控制器为主,使其处于工作状态。

如图 3.6 所示,一个现场控制站内配置了两个主控制器模块,它们之间互为冗余。若 A 主控制器目前工作状态为主机,则 A 主控制器能够通过控制网向 I/O 模块发出控制指令干预现场。若 B 主控制器为从机,则 B 主控制器会通过底板固化的同步信号网络与 A 主控制器进行数据同步,保证 B 主控制器内的数据与 A 的相同。当监测到 A 主控制器发生故障时, B 主控制器自动切换为主机,此时由于两台控制器内的数据相同,所以不会对现场产生干扰,实现无扰切换。

3.2.1.3　主控制器状态指示灯

为了便于在现场直接监测模块的运行状态,和利时 K 系列的模块都带有丰富的状态指示灯。能够根据模块状态指示灯识别模块状态是现场运行及维护人员必须掌握的技能。

不同功能的指示灯用不同的颜色进行区分,例如运行灯为绿色、故障灯为红色等。每个灯有多种状态,如运行灯有常亮和常灭两种状态,分别代表主控制器正常运行和停止运行。主控制器面板包含九个状态指示灯和一个内置复位按钮,内置复位按钮的作用是对主控制器进行初始化。

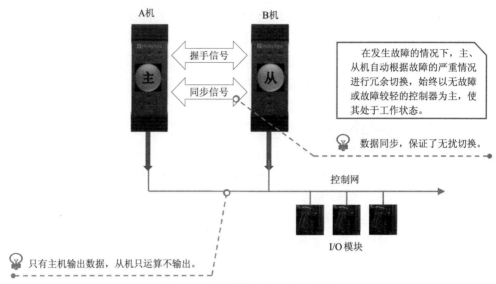

图 3.6　主控制器冗余工作示意图

（1）主控制器状态指示灯功能如表 3.1 所示。

表 3.1　主控制器状态指示灯功能

标识	名称	功能
RUN	运行灯	指示主控制器内程序运行情况
STANDBY	主从冗余灯	指示该主控制器的主从角色状态
ERROR	故障灯	指示主控制器是否故障
PROJECT	工程灯	指示主控制器内是否有工程程序
SYNC	同步灯	指示 A/B 两个主控制器之间的数据同步状态
SNET1/2	系统网络状态灯	分别指示系统网 A/B 的工作状态
CNETA/B	控制网络状态灯	分别指示控制网 A/B 的工作状态

（2）主控制器状态指示灯状态如图 3.7 所示。

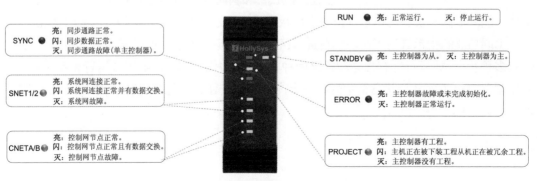

图 3.7　主控制器状态指示灯状态

3.2.2　I/O-BUS 通信模块功能

在 K 系列现场控制站内,I/O-BUS 通信模块用于拓扑主控制器和 I/O 模块之间连接的控制网络。在控制网中涉及连接的物理设备为主控制器和 I/O 模块,利用 I/O-BUS 模块可以把这些设备用不同的网络结构连接在一起。

除完成网络拓扑功能外,I/O-BUS 通信模块还能够完成丰富的信息诊断,并上传到主控制器,再由主控制器上传到操作员站进行监控。

3.2.2.1　I/O-BUS 通信模块拓扑结构

下面介绍和利时两种常用的控制网络拓扑结构——星型拓扑和总线型拓扑。不同的拓扑结构通过不同型号的 I/O-BUS 模块实现。

1. 星型拓扑

和利时星型拓扑结构中采用的 I/O-BUS 通信模块型号为 K-BUS02,如图 3.8 所示。在一个现场控制柜内需要一对 I/O-BUS 模块用于拓扑冗余控制网络 CNETA 和 CNETB,即左侧的 I/O-BUS 模块用于拓扑 CNETA,右侧的 I/O-BUS 模块用于拓扑 CNETB。每块 I/O-BUS 拓扑出的网络与柜内主控制器及 I/O 模块连接,保证它们正常通信。

星型连接的最大特点是每列 I/O 模块都会有单独的总线电缆与 I/O-BUS 通信模块连接。星型连接的优点是每列 I/O 模块与主控制器通信线路较短,阻抗较小,且当其中一根总线断线或故障时影响的 I/O 模块数量较少,便于维护。

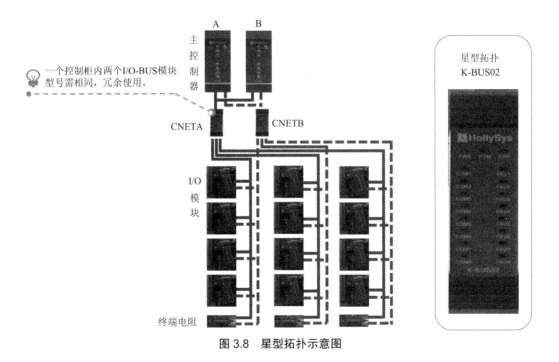

图 3.8　星型拓扑示意图

2. 总线型拓扑

总线型拓扑采用的是 K-BUS03 通信模块,总线型拓扑同样需要两块 I/O-BUS 模块,以保证冗余通信,如图 3.9 所示。

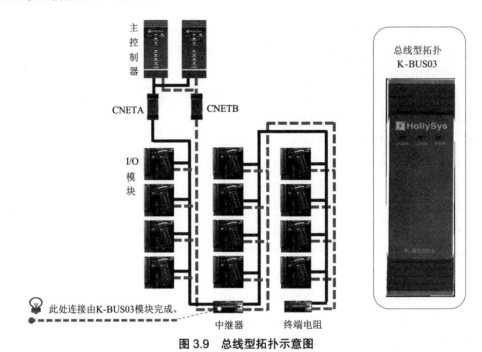

图 3.9　总线型拓扑示意图

此处连接由K-BUS03模块完成。　中继器　　　终端电阻

　　总线型连接的优点是布线简单,便于扩展且只需要一块终端匹配电阻作为末端阻抗匹配器。由于总线型连接线路较长,为确保各节点通信品质,需在一定距离上增加通信中继器,用于增强信号。

3.2.2.2　I/O-BUS 通信模块状态指示灯

1. K-BUS02 星型通信模块面板包含 19 个状态指示灯

（1）状态指示灯的功能如表 3.2 所示。

表 3.2　K-BUS02 状态指示灯功能

标识	名称	功能
PWR	电源灯	指示 I/O-BUS 电源状态
COM	通信灯	指示与主控制器的通信状态
ERROR	故障灯	指示 I/O-BUS 模块是否故障
COM1~6	通道指示灯	指示每列连接 I/O 模块的总线的通信状态
COM7	扩展通信输入端口状态指示	在主机柜中指示与主控制器的通信状态
COM8	扩展通信输出端口状态指示	指示与下一级扩展柜的通信状态
FAU1~8	通道故障指示灯	分别指示相应通道是否故障

（2）K-BUS02 模块的状态指示灯如图 3.10 所示。

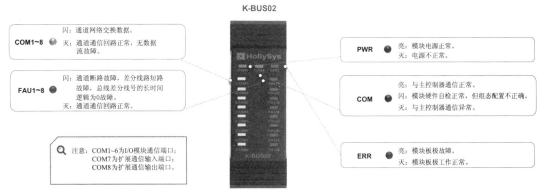

图 3.10　K-BUS02 模块状态指示灯示意图

2. K-BUS03 总线型通信模块面板包含 3 个状态指示灯

（1）状态指示灯的功能如表 3.3 所示。

表 3.3　K-BUS03 状态指示灯功能

标识	名称	功能
PWR	电源灯	指示 I/O-BUS 电源状态
COM	通信灯	指示与主控制器的通信状态
ERROR	故障灯	指示 I/O-BUS 模块是否故障

（2）K-BUS03 模块的状态指示灯如图 3.11 所示。

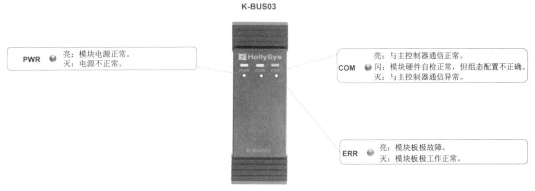

图 3.11　K-BUS03 模块状态指示灯示意图

3.2.3　四槽主控制器背板接线

四槽主控制器背板安装在现场控制站的主机柜中,主要用于承载冗余的主控制器模块和冗余的 I/O-BUS 通信模块,并可通过上面的接口与 I/O 模块、操作员站等设备通信。本节主要介绍四槽主控制器背板各个接口的功能及接线方法。

如图 3.12 所示,四槽主控制器背板接口按功能可以划分为五部分,分别为模块插装接口、地址设置接口、网络接口、电源接口、校时与接地接口。

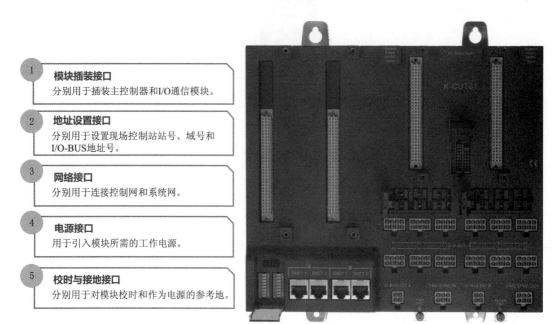

图 3.12　四槽主控制器背板

3.2.3.1　模块插装接口

如图 3.12 所示,在四槽位主控制器背板中,左侧两个 64 针插座位置为主控制器模块的冗余插装槽位,右侧两个 64 针插座位置为冗余 I/O-BUS 通信模块的插装槽位。模块插装在相应槽位上后,需通过螺钉进行固定,避免由于震动等原因造成模块脱落或接触不良。

互为冗余的槽位有 A、B 之分。例如,在两个主控制器槽位中,左侧的为 A 机槽位,安装在此槽位上的主控制器为 A 主控制器,安装在右侧槽位上的主控制器为 B 主控制器。冗余 I/O-BUS 模块槽位 A、B 区分同上。

3.2.3.2　地址设置接口

地址设置接口主要设定站号、域号和冗余 I/O-BUS 地址号。

1. 站号与域号的设定

通过前面系统结构的学习,我们了解到现场控制站需要连接在系统网中,从而与其他站进行数据交换。在系统网中,需要通过标定"站号"和"域号"的方式来区分各现场控制站。现场控制站站号和域号设置是通过四槽主控制器背板的两组红色拨码开关来实现的。其中标识为"CN"的一组为站号地址拨码开关,标识为"DN"的一组为域号地址拨码开关。每组拨码开关都包含 8 位二进制拨码,每一组拨码开关只能拨向左或右。当拨向右侧时为"ON"端,表示当前位数值为 0;当拨向左侧时为"OFF"端,表示当前位数值为 1。每个开关左侧标识的数字表示此拨码数值所在二进制数中的位。站号设定和域号设定都对主控制器重新上电,新地址才能够自动生效。

1）站号设定

现场控制站站号拨码如图 3.13 所示,站号拨码开关中 1~7 位的高低位顺序是由低位到高位,1 为最低位,7 为最高位。第 8 位开关不参与站号设定,为子网掩码设定位。若第 1 位的白色开关拨向"ON"位置,则此位开关设定值为 0;若第 2 位开关拨向相反位置即"OFF"位置,则此位开关设定值为 1;若第 3 位开关拨向"ON"位置,则此位开关设定值为 0;若第 4 位开关拨向"OFF"位置,则此位开关设定值为 1;若第 5 位开关拨向"ON"位置,则此位开关设定值为 0;若第 6 位开关拨向"ON"位置,则此位开关设定值为 0;若第 7 位开关拨向"ON"位置,则此位开关设定值为 0。根据拨码开关的高低位排序最终得到的二进制数为"0001010",此二进制数表示的十进制数值为"10",即此拨码开关标定的现场控制站站号为 10。

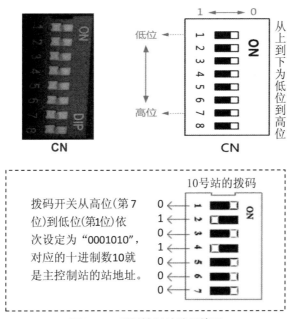

图 3.13　现场控制站站号拨码

2）域号设定

域号设定的方式与站号相同,区别在于域号的十进制地址范围是 0~14,所以需要的二进制位数较少。1~5 位拨码开关用于域号地址的设定,第 6 位和第 8 位为保留位,第 7 位为掉电保护开关,如图 3.14 所示。

掉电保护开关用于对主控制器内的工程与数据进行掉电保护设置,当开关拨至"ON"时,掉电保护开关生效,主控制器失电后不会丢失数据,且重新上电后,主控制器会自动加载工程数据,同时将被设置为掉电保护的数据项恢复到失电前的状态。相反,当开关拨至"OFF"时,掉电保护开关无效,控制器失电后会清空内部的工程和数据。

二进制拨码开关

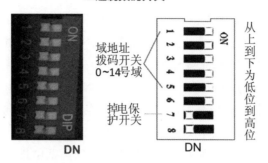

图 3.14　现场控制站域号拨码

2. I/O-BUS 地址设定

I/O-BUS 通信模块是拓扑控制网结构的集线器，挂接在控制网上的通信设备，需要在控制网上占用地址。互为冗余的 I/O-BUS 模块在控制网上需要占用两个相邻且不相同的地址，且地址范围为 2~7、112~117。如图 3.15 所示，在此现场控制站中有两块互为冗余的 I/O-BUS 模块，这两块 I/O-BUS 模块都需要通过地址跳线器进行地址设置。I/O-BUS 模块地址设置区分为左右两列，左列为 I/O-BUS A 模块的地址设置位，右列为 I/O-BUS B 模块的地址设置位。

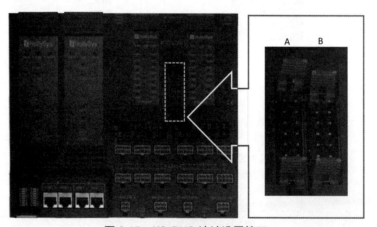

图 3.15　I/O-BUS 地址设置接口

I/O-BUS 地址设置方法为通过跳线帽进行跳线设置。每组有两个红色跳线帽，分别为跳线偏移地址和基地址，偏移地址用于设置地址的个位数值 2~7，基地址用于设置地址的百位和十位数值。如图 3.16（a）所示，跳线帽插接在"OFF"端表示基地址为 0，跳线帽插接在"ON"端表示基地址为 110。如图 3.16（b）所示，偏移地址设置为 7，基地址为"OFF"，表示 I/O-BUS 地址为 7。如图 3.16（c）所示，偏移地址为 5，基地址为"ON"，表示地址为 115。

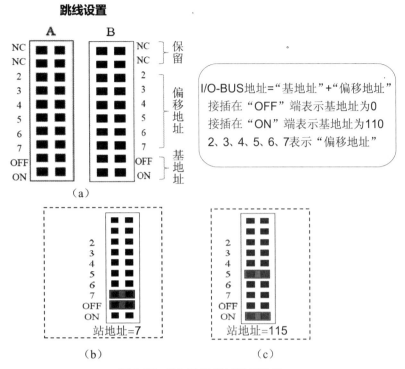

图 3.16　I/O-BUS 地址跳线设置

3.2.3.3　网络接口

四槽主控制器背板上最多的接口是网络接口。主控制器需要通过四槽主控制器背板的系统网接口与系统网相连,完成与上层设备(工程师站、操作员站、历史站)的通信。主控制器也需要通过四槽主控制器背板的控制网接口与下层的 I/O 模块进行通信。所以在四槽主控制器背板上有两种网络接口,分别为系统网接口和控制网接口。

1. 系统网接口

系统网接口用于把冗余主控制器连接到系统网中。如图 3.17 所示,标识为 A 的两个接口为连接 A 主控制器的两个系统网接口,其中 SNET1 表示 A 主控制器的系统 A 网接口,SNET2 表示 A 主控制器的系统 B 网接口。同理,标识为 B 的两个接口为连接 B 主控制器的两个系统网接口,其中 SNET1 表示 B 主控制器的系统 A 网,SNET2 表示 B 主控制器的系统 B 网。

2. 控制网接口

控制网接口在四槽主控制器背板右下方区域,此区域中有 12 个 8 针接口。其中左边 6 个 8 针接口为控制 A 网接口,分别连接 1~6 列 I/O 模块。右边 6 个 8 针接口为冗余的控制 B 网接口,同样连接 1~6 列 I/O 模块,两组接口形成互为冗余的控制网,如图 3.18 所示。

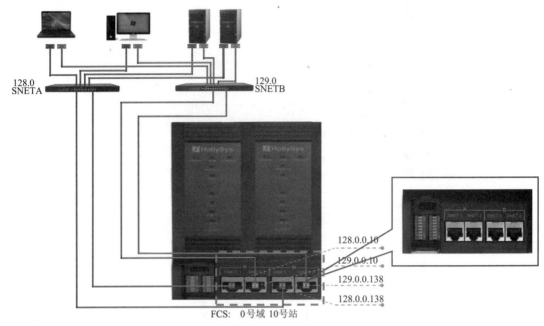

图 3.17　系统网接口

图 3.18　控制网接口

控制网是主控制器与 I/O 模块进行数据交换的网络。四槽主控制器背板通过 I/O-BUS 通信模块可拓扑出两种网络结构——星型结构和总线型结构,具体选择哪种结构是由各现场模块数量及控制需求的不同决定的。一般当模块数量较多、安全及维护性要求较高时,选择星型拓扑的方式;当模块数量较少,工程结构较简单时,则选择总线型拓扑的方式。

1）星型连接

如图 3.19 所示,现场控制站有 6 列 I/O 模块安装导轨,每一列导轨上可以安装 10 个 I/O 模块。每根用于连接 I/O 模块的预制电缆上共有 12 个插头,其中两端插头分别插装在

主控制器背板的 I/O-BUS 接口和每列模块末端的终端匹配器接口上,中间的 10 个接口分别用于插接 10 个 I/O 模块的底座。

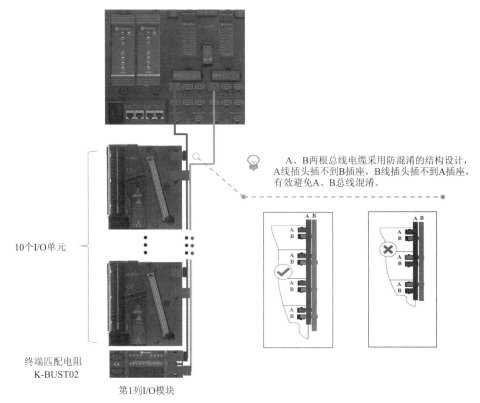

图 3.19 控制网冗余连接接口

由于模块的通信和供电都是冗余处理的,所以每列 I/O 模块都需要用 A、B 两根预制电缆进行连接,这样才能真正完成通信和供电的冗余。

控制网冗余星型连接如图 3.20 所示。注意当有扩展柜时,扩展柜内需要配置两块单槽 I/O-BUS 背板,并通过专用预制电缆把两块单槽 I/O-BUS 背板与主控制器背板连接起来,实现扩展柜与主机柜的冗余通信。

在星型连接方式下,每个现场控制站可以连接的 I/O 模块数量为 100 块。

2)总线型连接

总线型连接方法与星型连接方法所使用的预制电缆是相同的,连接各接口及其冗余的方式也是一致的,区别在于总线型结构可拓扑模块的数量为 30 个,并且第 1 列和第 2 列模块之间需要使用 I/O-BUS 连接器来连接第一段和第二段预制电缆,使它们能够成为一条总线,第二段与第三段预制电缆已通过 I/O-BUS 模块在底板处连接。通过配合使用总线型 I/O-BUS 通信模块和连接器,这三列 I/O 模块可连接在同一段冗余的总线网络上进行通信,如图 3.21 所示。

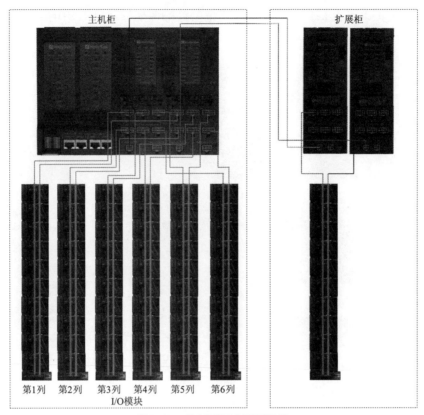

第1列　第2列　第3列　第4列　第5列　第6列
I/O模块

图 3.20　控制网冗余星型连接

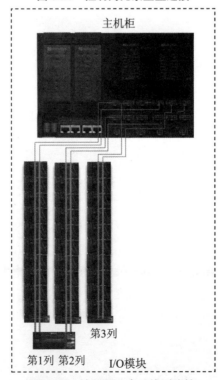

第3列

第1列　第2列　　I/O模块

图 3.21　控制网冗余总线型连接

总线型结构需要在通信网络的终端加一个电阻,使其吸收信号回波以提高通信质量。星型结构中每列 I/O 模块的终端都要匹配一个终端电阻,而总线型结构中只有最后一列才需要匹配终端电阻模块。如果总线型拓扑结构中有两列或三列模块,那么第 1 列和第 2 列模块需要连接器来延续通信。

3.3　供电单元

本节主要介绍现场控制站的供电方式及使用到的相关模块,以让读者了解现场控制站的电源分类及分配原理。

3.3.1　电源分类

如图 3.22 所示,现场控制站供电主要有三种类型的电源,分别为系统电源、现场电源和辅助电源。其中,系统电源为主控制器、I/O-BUS、I/O 模块系统侧回路供电;现场电源为 I/O 模块现场侧回路供电;辅助电源作为 DI 类型模块的干接点信号的专门查询电源。

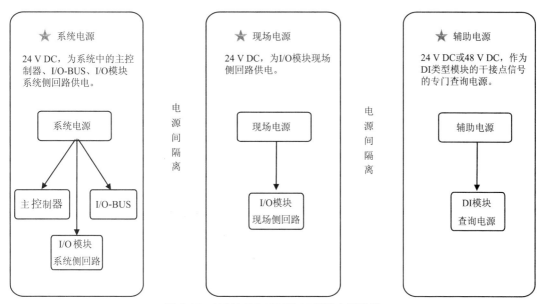

图 3.22　HOLLiAS MACS K 系统电源分类

为了避免现场侧串入大电流损坏 DCS 侧的 I/O 模块,I/O 模块电路被分为现场侧电路和系统侧电路,两侧电路进行隔离供电,使系统侧的电路更安全。

现场侧电源主要为 I/O 模块的现场侧电路供电,也可为二线制仪表供电。系统侧电源主要对 I/O 模块系统侧电路及主控制器模块和 I/O-BUS 通信模块供电。除了这两种现场控制站必备的电源外,还有第三种电源——辅助电源,它一般作为 DI 模块连接干接点信号时的查询电源。

3.3.2 电源配电方式

现场控制站在工业生产控制中扮演着非常重要的角色,如果现场控制站失电,则将彻底失去对现场生产的控制,从而引发严重的现场事故。考虑到现场控制站供电的可靠性要求,一般采用冗余的供电方式,即要求进入现场控制站的供电电源是冗余 220 V AC 电源,如图 3.23 所示。

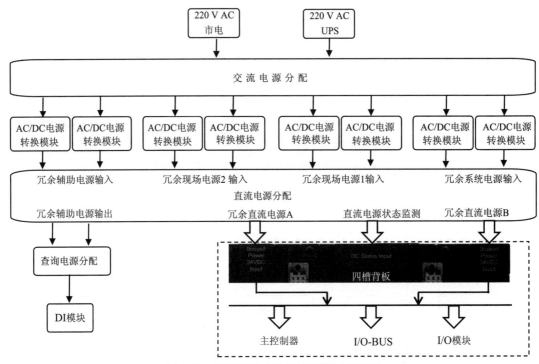

图 3.23　HOLLiAS MACS K 系统电源分配

一路 220 V AC UPS 电源和一路 220 V AC 市电组成冗余电源对机柜供电。这对冗余的 220 V AC 电源需要在机柜内分配成 5 对冗余电源进行输出,并满足三种类型的电源转换输出需求。其中一对作为系统电源,两对作为现场电源,一对作为辅助电源,一对作为风扇和照明电源,具体位置如图 3.24 所示。

由于 I/O 模块的现场侧电路功耗较大,为了便于对 I/O 模块提供灵活的供电配置,其中一对现场电源为前 4 列 I/O 模块供电,另一对现场电源为后 2 列 I/O 模块供电。

除了为风扇和照明供电的交流电源外,其他每一路交流电源都需要对应一个交直流电源转换模块进行电源转换,使其转换成主控制器、I/O-BUS 通信模块、I/O 模块等可使用的 24 V DC 电源。

为了便于维护及检测电源质量,转换后的直流电源通过专用直流电源分配板,将一对系统电源和两对现场电源进行冗余分配,再通过主控制器背板把不同类型的电源送到各模块中进行供电。

控制站背面

图 3.24　电源位置分布示意图

　　将经过冗余交直流电源模块转换后的一对直流电源作为辅助电源,送至直流电源分配板,分配板将其分成四路输出,其中每两路为一组,共两组,分别供给两个查询电源分配板,为 DI 模块提供查询电源。

　　具体布置及接线方式如图 3.25 所示。

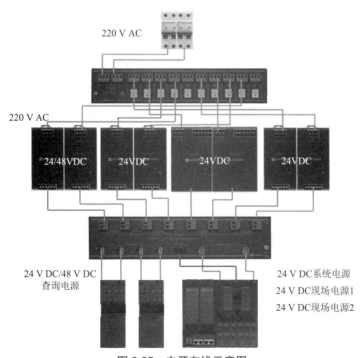

图 3.25　电源布线示意图

3.3.3　电源模块功能介绍

　　现场控制站内主要的电源模块有交流电源分配板、交直流电源转换模块、直流电源分配板、查询电源分配板。

1. 交流电源分配板（K-PW01）

如图 3.26 所示，交流电源分配板用于对冗余 220 V AC 进行冗余分配，输出到交直流电源转换模块。两路 220 V AC 输入，每路分配为 5 路 220 V AC 输出，每路输出均可以用电源开关控制，并带有单路输出状态指示的功能，开关接通则此路状态指示灯点亮。

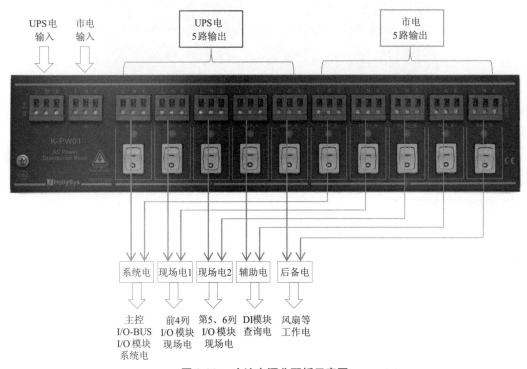

图 3.26   交流电源分配板示意图

2. 交直流电源转换模块

如图 3.27 所示，交直流电源转换模块用于对 220 V AC 电源进行转换，输出到直流电源分配板。为了配合现场使用，有多种型号的电源转化模块可供选择，它们的主要区别是输出的功率和转换输出的电压有所不同。

交直流电源转换模块的 L、N、E 端分别为交流电源输入的火线、零线、接地线端；+、- 端分别为直流输出的正负接线端。其主要功能如下：

（1）220 V AC 转换成 24 V DC 或 48 V DC；

（2）提供电源状态输出触点；

（3）直流电压调节电位器可调节电位；

（4）电源输出状态指示灯；

（5）支持"1+1"并联冗余；

（6）保护功能，即短路 / 过压 / 过流 / 过载 / 过温 / 故障报警；

（7）输入输出隔离。

图 3.27 交直流电源转换模块

3. 直流电源分配板

如图 3.28 所示,直流电源分配板把输入的冗余现场电源和冗余系统电源通过预制电缆分成冗余电源 A、B,并将其送至四槽背板,为现场控制站模块供电。直流电源分配板可实现一对 24 V DC 系统电源的冗余输出、两对 24 V DC(120 W/240 W)现场电源的冗余输出、一对 24/48 V DC 辅助(查询)电源的冗余输出,检测各输入电源的电压状态,并进行报警输出。输出接口通过专用电源预制电缆连接至四槽主控制器背板和辅助电源分配板。

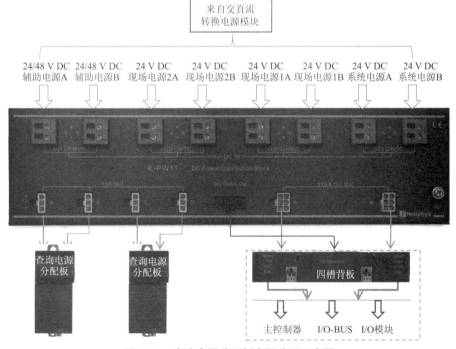

图 3.28 直流电源分配板电源分配示意图

4. 辅助电源分配板

从直流电源分配板输出四路辅助电源分别接入两个辅助电源分配板。辅助电源分配板可接收冗余的 24 V DC 或 48 V DC 电源输入，并将其分配成 16 路 24 V DC 或 48 V DC 输出。每一路输出可给一个 DI 模块供电，并且具有单路故障指示功能，如图 3.29 所示。

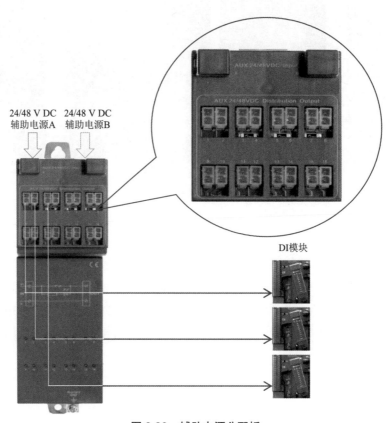

图 3.29　辅助电源分配板

3.4　I/O 单元

I/O 单元的作用是采集来自现场的模拟量或数字量信号，并将这些信号进行转换以供主控制器处理，或者将主控制器处理过的信号输出到现场设备。I/O 单元通过 I/O-BUS 总线与主控制器进行通信。I/O 单元主要组成包括 I/O 模块、I/O 底座和端子板。

I/O 模块主要实现信号转换功能，可以分为以下两类：模拟量 I/O 模块和数字量 I/O 模块。I/O 模块需配合 I/O 底座或端子板使用，并根据现场需求和底座特点进行底座选型。I/O 底座主要实现现场信号的接入与安全防护等功能。

图 3.30 所示为模拟量输入模块配套接线端子型底座的 I/O 单元示意图。

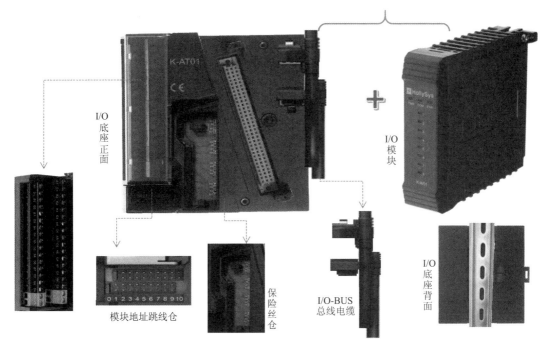

图 3.30　I/O 单元示意图

I/O 底座可以分解为现场接线端子、模块地址跳线仓、保险丝仓、I/O-BUS 总线电缆。在实际应用中,I/O 模块采用导轨式安装,即 I/O 底座直接安装在机柜内导轨上。I/O 模块斜插在 I/O 底座上,再通过上、下两个螺丝固定即可。

3.4.1　I/O 单元的特点

I/O 单元在设计上实现了结构的优化,具备输入信号质量位判断、输出信号防变位校验、故障导向安全设计及抗干扰设计的功能。

I/O 单元实现了系统电源和现场电源隔离供电、模块通道之间故障隔离以及现场通信与系统隔离。

除此之外, I/O 模块支持带电热插拔和 1∶1 冗余配置,具备强大的板卡、通道故障诊断功能,可实现冗余总线电缆连接,具备充足的 LED 状态指示灯,并支持现场电源诊断功能。

3.4.2　I/O 底座类型

按接口形式, I/O 底座可分为接线端子型底座、DB37 插针型底座以及既有接线端子又有 DB37 插针的底座。其中接线端子型底座直接用于连接现场信号线缆,DB37 插针型底座用于连接端子板或安全栅,可实现跨机柜接线。

按是否冗余, I/O 底座可分为冗余型底座和非冗余型底座。如果 I/O 模块采用的是冗余配置,则必须配套使用冗余型底座。

　　按底座的功能,I/O 底座可分为普通型底座和增强型底座。两者的区别在于普通型底座具有现场电源快熔保险丝,可保护现场电源。增强型底座不仅具有现场电源快熔保险丝,还具有通道保险丝,具备每个通道抗 AC 220 V 的功能。图 3.31 所示为常见的三种类型的底座。

非冗余接线端子型

非冗余DB37插针型

接线端子+DB37插针型
(冗余底座型)

图 3.31　三种类型的底座示意图

3.4.3　I/O 模块地址设置

　　K 系列 I/O 模块的地址取值范围是 10~109,地址跳线采用十进制算法,上排跳线代表十位数字,取值范围为 1~10;下排跳线代表个位数字,取值范围为 0~9。图 3.32 所示为非冗余模块地址设置,对应地址为 103。

　　如果模块采用的是 1:1 冗余配置,则冗余模块的地址设置分别为:$2N$,$2N+1$。其中 N 取值范围为 5~54(两个地址必须相邻)。图 3.33 所示为冗余模块地址设置,对应的地址分别为 20 和 21。

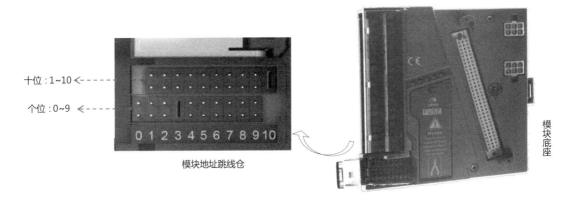

十位：1~10

个位：0~9

0 1 2 3 4 5 6 7 8 9 10

模块地址跳线仓

模块底座

图 3.32　非冗余模块地址设置示意图

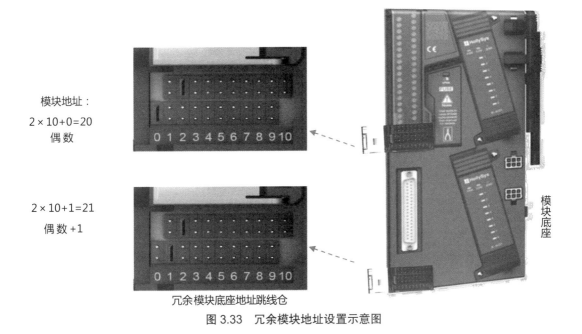

模块地址：

2×10+0=20
偶数

0 1 2 3 4 5 6 7 8 9 10

2×10+1=21
偶数 +1

0 1 2 3 4 5 6 7 8 9 10

冗余模块底座地址跳线仓

模块底座

图 3.33　冗余模块地址设置示意图

3.4.4　模拟量输入模块（AI）

模拟量输入模块是一种将现场的模拟量信号采集至 DCS 的设备。根据现场模拟量信号类型的不同，模拟量输入模块分为三种，分别是用于接收 0~22.7 mA 电流信号的模拟量输入模块、用于接收热电阻信号的热电阻输入模块 K-RTD01 以及用于接收热电偶或 mV 信号的模块 K-TC01。其中，用于接收电流信号的模拟量输入模块有 K-AI01、K-AI02、K-AI03、K-AIH01 以及 K-AIH02。

3.4.4.1　K 系列 8 通道模拟量输入模块（K–AI01）

K-AI01 模块如图 3.34 所示。

图 3.34　K-AI01 模块

1. 技术指标

K-AI01 模块技术指标如表 3.4 所示。

表 3.4　K-AI01 模块技术指标

序号	技术指标	参数
1	功耗	系统电源 0.9 W 现场电源 6.3 W
2	通道数	8
3	信号类型	4~20 mA 电流输入（采样电阻为 110 Ω）
4	满量程范围	0~22.7 mA
5	精度	4~20 mA 范围内 0.10% F.S.（10~45 ℃） 0.25% F.S.（−20~60 ℃）
6	稳定度	4~20 mA 范围内 0.05% F.S.（−20~60 ℃）
7	ADC 分辨率	24 位
8	通道扫描周期	90 ms/8 通道
9	二线制变送器供电电压 （仪表两端）	使用柜内现场电源供电 ≥14.8 V@20 mA ≤26.4 V@0 mA

续表

序号	技术指标	参数
10	通道限流	Max. 30 mA
11	通道可承受最大输入电压	±30 V DC；220 V AC（增强型底座）
12	通道故障诊断	短路、断路、Namur 欠量程、Namur 过量程
13	共模抑制比	≥120 dB
14	差模抑制比	≥60 dB
15	冗余功能	支持
16	冗余切换时间	<10 ms
17	通道隔离	故障隔离
18	防混淆编码	1

2. 模块特点

K-AI01 模块特点如下。

（1）支持二线制、三线制、四线制，最大测量范围是 0~22.7 mA。K-AI01 模块电气原理框图如图 3.35 所示。

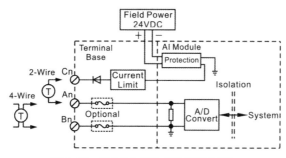

图 3.35　K-AI01 模块电气原理框图

（2）支持冗余配置。将 2 个 K-AI01 模块安装在 1 个 K-AT21 底座中，就可实现模块冗余，如图 3.36 所示。

正常工作时如果模块（冗余配置）处于冗余工作模式，则先启动并建立通信的模块为主模块，另一个模块为从模块。主模块正常工作，从模块处于备用状态，模块间通过硬件电路实时同步自身状态，当主模块诊断到自身有问题时主动降为从模块，同时从模块升为主模块，完成冗余切换。

主从切换条件如下。

①主模块出现通道故障，如断路、短路、接地等自身可诊断出的通道故障。

②主模块出现现场电源故障。

图 3.36　K-AI01 模块冗余配置示例

③主模块出现板级故障,如 MCU 程序异常、MCU 硬件故障、系统电源故障、时钟器件故障、I/O-BUS 通信离线或其他可诊断的硬件故障。

若从模块存在以下情况则无法进行切换。

①从模块出现板级故障,如 MCU 程序异常、MCU 硬件故障、系统电源故障、时钟器件故障、I/O-BUS 通信离线或其他可诊断的硬件故障。

②从模块出现现场电源故障。

③从模块通道有故障,已进行过主从切换,已诊断出故障。

（3）具有过流保护功能。

（4）支持诊断功能和带电热插拔。模块上报的诊断包括设备诊断和通道诊断。诊断出故障时,模块将诊断信息上报给操作员站并在 OPS 显示。故障恢复后,模块将恢复信息上报给操作员站并在 OPS 显示。设备诊断包括现场电源是否故障、I/O-BUS 冗余网络是否故障以及模块板级是否发生致命故障等。通道诊断上报故障通道号和故障类型,常见的通道故障类型有断路、Namur 欠量程、Namur 过量程和短路。

（5）通道抗 220 V AC。模块通过配置增强型底座实现抗 AC 220 V 干扰。

3. 状态指示

K-AI01 模块指示灯状态说明如表 3.5 所示。

表 3.5 K-AI01 模块指示灯状态说明

序号	名称	功能	颜色	状态	含义	
1	PWR	电源指示	绿灯	亮	模块电源工作正常;冗余模式下为主模块	
				闪	模块现场电源故障;冗余模式下为从模块	
				灭	模块系统电源故障	
2	COM	通信指示	绿灯	亮	与主控制器通信正常	
				闪	模块硬件自检正常,但组态配置不正常	
				灭	与主控制器通信不正常	
3	ERR	故障指示	红灯	亮	模块硬件自检不正常或模块板级故障	
				灭	模块板级正常	
4	CHn(n: 1~8)	通道指示	黄灯	亮	通道回路正常	冗余模式下为主模块状态
				慢闪	现场信号 > 电量程高限 现场信号 < 电量程低限	
				快闪	通道故障	
				灭	通道被禁用;冗余模式下为从模块状态	

注:慢闪为 0.5 s 亮,1.5 s 灭;快闪为 0.5 s 亮,0.5 s 灭。
(以下各型号模块的慢闪和快闪判断标准均同上)

4. 底座选型

K-AI01 模块底座选型如表 3.6 所示。

表 3.6 K-AI01 模块底座选型

序号	底座型号	接线端子	DB37 插针	冗余	通道抗 AC220 V	备注
1	K-AT01	√				支持二线制、四线制仪表
2	K-AT11	√			√	支持二线制、四线制仪表
3	K-AT02		√		√	K-AIR02 端子板:支持三线制仪表 K-UR01 端子板:支持二、四线制仪表
4	K-AT21	√	√	√	√	配套相应端子板支持二、三、四线制仪表
5	K-DOT01		√			K-AIR02 端子板:支持三线制仪表 K-UR01 端子板:支持四线制仪表

K-AI 模块需配套相应型号的 I/O 底座使用,并根据现场情况与底座特点进行选型。

5. 工程应用

K-AI01 模块对应底座的接线如图 3.37 所示。

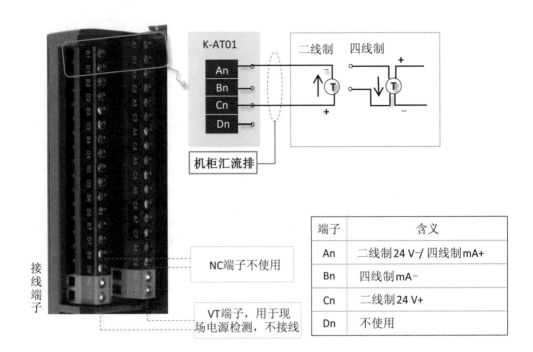

图 3.37   K-AT01 模块对应的底座接线

端子	含义
An	二线制 24 V–/ 四线制 mA+
Bn	四线制 mA–
Cn	二线制 24 V+
Dn	不使用

注意事项：

（1）禁止将超过 ±30 V DC 电压接入接线端子，否则将造成模块损坏。为防止 220 V AC 过电压损坏，必须配置 K-AT02、K-AT11 或 K-AT21 增强型底座；

（2）当输入信号超出组态量程且小于模块最大量程时，可以继续测量并上报采集数据，但当输入信号超出模块最大量程时，会限幅保持最大量程上报值；

（3）模块具备限流保护功能；

（4）K-AI01 模块只支持电流信号测量，不支持电压信号测量；

（5）模块中不用的备用通道，建议在组态中禁用，以避免断路报警。

3.4.4.2   K 系列 8 通道带 HART 模拟量输入模块（K-AIH01）

K-AIH01 模块为支持 HART 协议的 8 通道电流输入模块。K-AIH01 模块与 K-AI01 模块的区别在于它支持 HART 通信协议，可配套 HAMS 软件实现对所有支持 HART 协议的智能仪表进行总线通信，从而实现对现场仪表的参数设置、诊断和维护，并可通过上位机远程对多个 HART 协议的仪表进行参数的修改和维护。K-AIA01 模块如图 3.38 所示。

K-AIH01 模块的其他技术指标、模块特点、状态指示、底座选型及底座接线均和 K-AI01 模块的相同。

图 3.38   K-AIH01 模块

3.4.4.3   K 系列 8 通道热电阻输入模块(K-RTD01)

K-RTD01 为 K 系列 8 通道热电阻输入模块。

支持的信号类型包括：

- Pt100：−200~850 ℃；
- Pt10：−200~850 ℃；
- Cu50：−50~150 ℃；
- Cu53：−50~150 ℃；
- Cu100：−50~150 ℃；
- BA1：−200~650 ℃；
- BA2：−200~650 ℃；
- G：−50~150 ℃。

K-RTD01 模块如图 3.39 所示。

图 3.39   K-RTD01 模块

1. 技术指标

K-RTD01 模块技术指标如表 3.7 所示。

表 3.7   K-RTD01 模块技术指标

序号	技术指标	参数
1	功耗	系统电源 0.8 W;现场电源 0.7 W
2	通道数	8
3	输入信号	Pt100:-200~850 ℃,对应码值 0~65,535 Cu50:-50~150 ℃,对应码值 0~65,535
4	线制	二线制、三线制、四线制,用户可配置
5	精度	二线制精度与线电阻有关,线电阻越大精度越差,当两根线缆的线电阻和为 1 Ω 时的精度典型值。 Pt100: 0.3% F.S.(环境温度 10~45 ℃) 0.45% F.S.(环境温度 -20~60 ℃) Cu50: 1% F.S.(环境温度 10~45 ℃) 1.2% F.S.(环境温度 -20~60 ℃) 三线制、四线制时的精度(通道每根线缆的线电阻要相等)。 Pt100: 0.1% F.S.(环境温度 10~45 ℃) 0.25% F.S.(环境温度 -20~60 ℃) Cu50: 0.2% F.S.(环境温度 10~45 ℃) 0.4% F.S.(环境温度 -20~60 ℃)

序号	技术指标	参数
6	稳定度	0.05% F.S.
7	ADC 分辨率	16 位
8	通道扫描周期	1 s/8 通道
9	输入阻抗	≥4 MΩ
10	通道可承受最大输入电压	± 10 V DC,不损坏
11	通道故障诊断	短路、断路、欠量程、过量程
12	共模抑制比	≥120 dB
13	差模抑制比	≥60 dB
14	冗余功能	支持
15	冗余切换时间	<10 ms
16	通道隔离	故障隔离
17	防混淆编码	2

2. 模块特点

（1）支持二线制、三线制、四线制。K-RTD01 模块电气原理如图 3.40 所示。

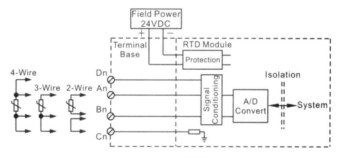

图 3.40　K-RTD01 模块电气原理

（2）支持冗余配置,冗余功能与 K-AI01 模块相同。

（3）支持诊断功能和带电热插拔。K-RTD01 模块上报的诊断功能分为设备诊断和通道诊断。设备诊断功能可参见 K-AI01 模块。通道诊断分为短路、断路、欠量程和过量程。针对不同的信号类型,例如 Pt100 和 Cu50,诊断量程范围也有所不同。

3. 状态指示

K-RTD01 模块指示灯状态说明如表 3.8 所示。

表 3.8　K-RTD01 模块指示灯状态说明

序号	名称	功能	颜色	状态	含义	
1	PWR	电源指示	绿灯	亮	模块电源工作正常；冗余模式下为主模块	
				闪	模块现场电源故障；冗余模式下为从模块	
				灭	模块系统电源故障	
2	COM	通信指示	绿灯	亮	与主控制器通信正常	
				闪	模块硬件自检正常，但组态配置不正常	
				灭	与主控制器通信不正常	
3	ERR	故障指示	红灯	亮	模块硬件自检不正常或模块板级故障	
				灭	模块板级正常	
4	CHn（n：1~8）	通道指示	黄灯	亮	通道回路正常	冗余模式下为主模块通道状态
				慢闪	现场信号＞电量程高限 现场信号＜电量程低限	
				快闪	通道故障	
				灭	通道被禁用；冗余模式下为从模块状态	

4. 底座选型

K-RTD01 模块需配套相应型号的模块底座使用，并根据现场情况与底座特点进行选型，如表 3.9 所示。

表 3.9　K-RTD01 模块底座选型

序号	底座型号	接线端子	DB37 插针	冗余	备注
1	K-TT01	√			支持二、三、四线制 RTD 信号
2	K-TT02		√		
3	K-DOT01		√		
4	K-TT21	√	√	√	

5. 工程应用

K-RTD01 模块对应底座的现场接线如图 3.41 所示。

注意事项：

（1）二线制接线要求将底座端子上的 Bn、Cn 短接，二线制精度与线电阻有关，线电阻越大精度越差；

（2）三线制接线要求 A、B 线的线电阻相同，以便相互抵消测量误差，当 A、B 线的线电阻不相同时，可通过软件组态进行偏移设置，以抵消线阻带来的测量误差；

（3）当 K-RTD01 模块使用 DB37 线缆进行跨柜接线时，需要考虑 DB37 线缆的线阻是否一致，引入的误差可通过软件组态进行偏移补偿；

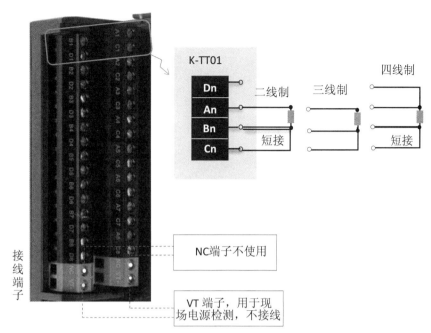

图 3.41　K-TT01 对应底座的现场接线

（4）二线制、三线制信号可以混接,四线制信号不能与二线制或三线制信号混接;

（5）当输入信号处在断路或短路量程时,会限幅保持,上报的采集数据无效;

（6）禁止将超过 ±10 V DC 的电压接入接线端子,否则将造成模块损坏;

（7）当输入信号超出组态量程且小于模块最大量程时,可以继续测量并上报采集数据。 但当输入信号超出模块最大量程或处在断路或短路量程时,会限幅保持;

（8）模块中不用的通道,建议在组态中禁用,以避免断路报警。

3.4.4.4　K 系列 8 通道热电偶与毫伏信号输入模块(K-TC01)

K-TC01 为 K 系列 8 通道热电偶与毫伏输入模块,支持的信号类型包括:

（1）J 型热电偶: −210~1 200 ℃;

（2）K 型热电偶: −270~1 372 ℃;

（3）S 型热电偶: −50~1 768 ℃;

（4）E 型热电偶: −270~1 000 ℃;

（5）B 型热电偶: 0~1 820 ℃;

（6）T 型热电偶: −166.5~400 ℃;

（7）R 型热电偶: −50~1 768 ℃;

（8）N 型热电偶: −270~1 300 ℃;

（9）毫伏信号: −100~100 mV。

K-TC01 模块如图 3.42 所示。

图 3.42   K-TC01 模块

1．技术指标

K-TC01 模块技术指标如表 3.10 所示。

表 3.10   K-TC01 模块技术指标

序号	技术指标	参数
1	功耗	系统电源 0.9 W；现场电源 0.5 W
2	通道数	8
3	输入信号	J 型热电偶：−210~1 200 ℃ K 型热电偶：−270~1 372 ℃ S 型热电偶：−50~1 768 ℃ E 型热电偶：−270~1 000 ℃ B 型热电偶：0~1 820 ℃ T 型热电偶：−166.5~400 ℃ R 型热电偶：−50~1 768 ℃ N 型热电偶：−270~1 300 ℃ 毫伏信号：−100~100 mV，对应码值 10 923~54 613
4	精度	J/K/E 型： 0.1% F.S.（环境温度 10~45 ℃） 0.2% F.S.（环境温度 −20~60 ℃） S 型： 0.2% F.S.（环境温度 10~45 ℃） 0.4% F.S.（环境温度 −20~60 ℃） 毫伏信号： 0.05 mV
5	稳定度	0.05% F.S.
6	ADC 分辨率	16 位
7	通道扫描周期	1 s/8 通道

续表

序号	技术指标	参数
8	冷端补偿方式	默认通过底座内置 Pt100 进行冷端补偿,若内置 Pt100 故障,则通过组态设置的冷端温度进行补偿
9	通道软件滤波时间(阶跃响应时间)	无滤波:1 s 50/60 Hz;滤波:1.5 s、3 s、7.5 s、15 s,用户可配置
10	输入阻抗	≥4 MΩ
11	通道可承受最大输入电压	± 10 VDC
12	通道故障诊断	断路、欠量程、过量程诊断;冷端温度测量通道断路诊断
13	模抑制比	≥120 dB
14	差模抑制比	≥60 dB
15	冗余功能	支持
16	冗余切换时间	<10 ms
17	通道隔离	故障隔离
18	防混淆编码	2

2. 模块特点

(1)具备完善的设备诊断、通道诊断以及冷端温度测量通道诊断功能。设备诊断包括现场电源是否存在故障、I/O-BUS 冗余网络是否存在故障以及模块板级是否存在致命故障等。通道诊断分为断路、欠量程、过量程诊断以及冷端温度测量通道断路诊断。其中,不同温度的热电偶对应的通道故障诊断范围也有所不同。

(2)支持带电热插拔,支持冗余配置,该功能与 K-AI01 模块相同。

(3)可接收热电偶信号和毫伏信号,K-TC01 模块电气原理如图 3.43 所示。

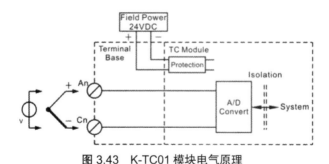

图 3.43　K-TC01 模块电气原理

3. 冷端温度补偿

热电偶是冷端以 0 ℃ 为标准进行测量的,但通常测量时仪表是处于室温下的,因此冷端不为 0 ℃,这造成了热电势差减小,使测量不精确,而为减少误差所做的补偿措施就是冷端温度补偿。系统默认通过底座内置的 Pt100 测量热电偶冷端处的实际温度,并进行补偿计算,模块直接上报补偿后的温度。每个模块有一个独立的冷端补偿热电阻(Pt100),冷端温度补偿范围为 -20~60 ℃。如果底座内置的 Pt100 损坏,系统会自动通过组态预设的冷端温度值进行补偿(默认 25 ℃,用户可根据实际情况进行设置)。为了保证测量精度,现场需要采用相同湿度的补偿导线将冷端温度由现场延伸至 DCS 机柜内。图 3.44 所示为 K-TC01 冷端温度补偿原理。

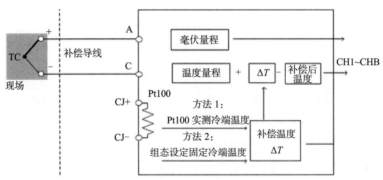

图 3.44　K-TC01 冷端温度补偿框原理

4. 状态指示

K-TC01 模块指示灯状态说明如表 3.11 所示。

表 3.11　K-TC01 模块指示灯状态说明

序号	名称	功能	颜色	状态	含义	
1	PWR	电源指示	绿灯	亮	模块电源工作正常;冗余模式下为主模块	
				闪	模块现场电源故障;冗余模式下为从模块	
				灭	模块系统电源故障	
2	COM	通信指示	绿灯	亮	与主控制器通信正常	
				闪	模块硬件自检正常,但组态配置不正常	
				灭	与主控制器通信不正常	
3	ERR	故障指示	红灯	亮	模块硬件自检不正常或模块板级故障	
				灭	模块板级正常	
4	CHn(n:1~8)	通道指示	黄灯	亮	通道回路正常	冗余模式下为主模块通道状态
				慢闪	现场信号 > 电量程高限 现场信号 < 电量程低限	
				快闪	通道故障	
				灭	通道被禁用;冗余模式下为从模块状态	

5. 底座选型

K-TC01 模块需配套相应底座使用,并根据现场具体情况与底座特点进行底座选型,如表 3.12 所示。

表 3.12　K-TC01 模块底座选型

序号	底座型号	接线端子	DB37 插针	冗余	备注
1	K-TT01	√			支持 TC 信号、毫伏信号
2	K-TT21	√	√	√	支持 TC 信号、毫伏信号
3	K-DOT01		√		支持毫伏信号

6. 工程应用

K-TC01 模块对应底座的现场接线如图 3.45 所示。

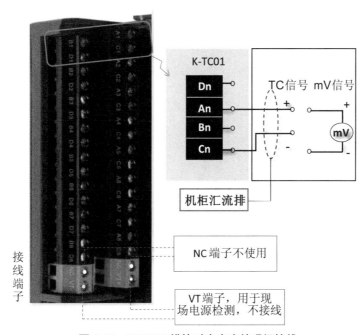

图 3.45　K-TC01 模块对应底座的现场接线

注意事项：

（1）K-TC01 模块在机柜内进行冷端温度测量，所以接线电缆必须使用补偿导线，以延伸热电偶冷端至柜内，补偿导线根据所用热电偶分度选择；

（2）当输入信号超出组态量程，处在模块最大量程范围内时，可继续测量并上报有效采集数据，但当输入信号处在断线量程时，会限幅保持最大量程上报值；

（3）禁止将超过 ±10 V DC 电压接入接线端子，否则将造成模块损坏；

（4）对于模块中不用的备用通道，建议在组态中禁用，以避免断路报警。

3.4.5　模拟量输出模块（AO）

模拟量输出模块的作用是将主控制器处理过的模拟量信号下发至现场，从而驱动硬件输出相关数据通路。和利时 K 系列常见的模拟量输出模块有 K-AO01 模块和 K-AOH01 模块。

3.4.5.1　K 系列 8 通道模拟量输出模块（K-AO01）

图 3.46 所示为 K-AO01 模块，该模块支持的输出信号类型为 0~22.7 mA 电流信号，可用于驱动相应的执行器，从而达到控制的目的。

图 3.46　K-AO01 模块

1. 技术指标

K-AO01 模块技术指标如表 3.13 所示。

表 3.13　K-AO01 模块技术指标

序号	技术指标	参数
1	功耗	系统电源 1 W；现场电源 7.2 W
2	通道数	8
3	信号类型	4~20 mA 电流输出
4	满量程范围	0~22.7 mA
5	精度	4~20 mA 范围内 0.10% F.S.（25 ℃）
6	稳定度	4~20 mA 范围内：0.05% F.S.（−20~60 ℃）
7	通道带负载能力（阻性）	Max. 700 Ω@21.6 V DC F.S.（−20~60 ℃） Max. 800 Ω@24 V DC F.S.（−20~60 ℃）
8	通道扫描周期	90 ms/8 通道
9	输出阶跃响应时间	<100 ms

序号	技术指标	参数
10	通道可承受最大输入电压	± 30 V DC；220 V AC（增强型底座）
11	通道故障诊断	断路
12	冗余功能	支持
13	冗余切换时间	<10 ms
14	故障安全输出	有
15	通道隔离	故障隔离
16	编码销编号	1

2. 模块特点

（1）K-AO01 模块最大输出范围为 0~22.7 mA，其电气原理如图 3.47 所示。

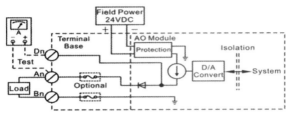

图 3.47　K-AO01 模块电气原理

（2）通道断路故障诊断。每个输出通道单独进行故障输出组态，可在主控制模块通信中断或发生通道输出故障时，输出保持或输出预设安全值，以适应不同的现场需求。

（3）支持不断线检测通道电流的功能，且不会影响现场负载的正常运行，方便现场排查故障。用万用表电流测量挡进行检测，万用表正端表笔接底座 Dn 端子，负端表笔接底座 An 端子。

（4）故障输出保持 / 安全预设值。

（5）支持冗余配置，支持抗 220 V AC 功能，具备完善的硬件故障诊断功能。

3. 状态指示

K-AO01 模块指示灯状态说明如表 3.14 所示。

表 3.14　K-AO01 模块指示灯状态说明

序号	名称	功能	颜色	状态	含义
1	PWR	电源指示	绿灯	亮	模块电源工作正常；冗余模式下为主模块
				闪	模块现场电源故障；冗余模式下为从模块
				灭	模块系统电源故障
2	COM	通信指示	绿灯	亮	与主控制器通信正常
				闪	模块硬件自检正常，但组态配置不正常
				灭	与主控制器通信不正常

序号	名称	功能	颜色	状态	含义	
3	ERR	故障指示	红灯	亮	模块硬件自检不正常或模块板级故障	
				灭	模块板级正常	
4	CHn（n：1~8）	通道指示	黄灯	亮	通道回路正常	冗余模式下为主模块通道状态
				闪	通道故障	
				灭	通道被禁用；冗余模式下为从模块状态	

4. 底座选型

K-AO01 模块需配套 I/O 底座使用，并根据现场具体情况与底座特点进行底座选型，如表 3.15 所示。

表 3.15　K-AO01 模块底座选型

序号	底座型号	接线端子	DB37 插针	冗余	通道抗 AC 220 V	备注
1	K-AT01	√				支持电流型负载
2	K-AT11	√			√	支持电流型负载
3	K-AT02		√		√	K-UR01 端子板：支持电流型负载
4	K-AT21	√	√	√	√	接线端子接线：支持电流型负载 K-UR01 端子板：支持电流型负载
5	K-DOT01		√			

5. 工程应用

K-AO01 模块对应底座的现场接线如图 3.48 所示，每四个接线端子 An、Bn、Cn、Dn 对应一个通道，An 对应 mA+，Bn 对应 mA-，如需要在线检测电流输出，则需要将万用表红表笔搭接 Dn 端子，黑表笔搭接 An 端子，不需解线。每个底座的橘色端子不接线，其中 NC 端子不使用，VT 端子用于现场电源的检测。

注意事项：

（1）K-AO01 模块只支持电流信号输出，连接现场电流负载，不支持电压信号输出；

（2）对于 K-AO01 模块中不用的备用通道，建议在组态中禁用，以避免断路报警。

3.4.5.2　K 系列 8 通道带 HART 模拟量输出模块（K-AOH01）

K-AOH01 模块为支持 HART 协议的 8 通道电流输出模块。该模块与 K-AO01 的区别在于它支持 HART 通信协议。该模块可通过与 HAMS 软件和现场 HART 智能执行器通信配套使用来完成现场执行器的参数设置、检测与维护，即通过上位机远程对支持 HART 协议的仪表进行参数的设定和维护。K-AOH01 接线示意图如图 3.48 所示。K-AOH01 模块如图 3.49 所示。

其他技术指标、模块特点、状态指示、底座选型及底座接线均和 K-AO01 模块相同。

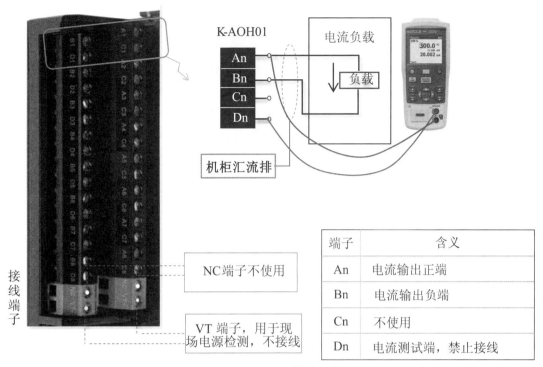

端子	含义
An	电流输出正端
Bn	电流输出负端
Cn	不使用
Dn	电流测试端，禁止接线

图 3.48 K-AOH01 接线示意图

图 3.49 K-AOH01 模块

3.4.6　开关量输入模块(DI)

开关量输入模块的作用是采集来自现场输入设备的开关信号,并将该信号送至主控制器。其可以支持有源接点的输入,也可以支持无源接点的输入;根据现场所采集信号的类型,可以支持 DC 24 V 开关量信号的输入,也可以支持 DC 48 V 开关量信号的输入,接入的信号类型不同,所对应的模块选型也有所不同。

3.4.6.1　K 系列 16 通道 DC 24 V 开关量输入模块(K-DI01)

K-DI01 模块如图 3.50 所示。

图 3.50　K-DI01 模块

1. 技术指标

K-DI01 模块技术指标如表 3.16 所示。

表 3.16　K-DI01 模块技术指标

序号	技术指标	参数
1	功耗	系统电源 0.9 W;现场电源 1.9 W
2	通道数	16
3	信号类型	干接点、湿接点
4	查询电压	24 V DC(18~30 V DC)

续表

序号	技术指标		参数
5	ON\OFF 条件	无源触点	R_{ON}：≤1 KΩ @ 18 V DC R_{OFF}：≥100 KΩ@30 V DC
		有源触点	V_{ON}：15 ~ 30 V DC 且 ≥3 mA V_{OFF}：0 ~ 5 V DC 且 ≤1 mA
6	输入阻抗		4.7 KΩ
7	通道扫描周期		1 ms/16 通道
8	通道软件滤波时间		5 ms、200 ms、2 300 ms，用户可配置
9	隔离方式		光隔离
10	通道防护		± 60 V DC；AC 220 V（增强型底座）
11	冗余功能		支持
12	防混淆编码		3

2. 模块特点

（1）模块支持干接点、湿接点。其中，干接点需要 DCS 侧提供相应辅助电源，该电源可以由现场电源供电，也可以由专门的外部辅助电源供电（详见"5. 工程应用"）。在这里推荐优先使用外部辅助电源供电，以更好地实现电源隔离。K-DI01 模块电气原理如图 3.51 所示。

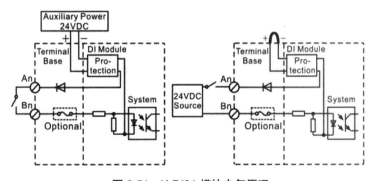

图 3.51　K-DI01 模块电气原理

（2）模块设备诊断和通道诊断功能。设备诊断包括现场电源是否存在故障、I/O-BUS 冗余网络是否存在故障以及模块板级是否存在致命故障等。通道诊断上报故障通道号和故障类型。如果输入信号在 100 ms 内至少跳变 4 次则触发通道故障。故障发生后，每隔 10 min 进行判断，如果输入信号在 2 s 内跳变小于 2 次则通道故障恢复。

（3）支持带电热插拔。

（4）支持冗余配置。

（5）支持 24 V DC 查询电压。

3. 状态指示

K-DI01 模块指示灯状态说明如表 3.17 所示。

表 3.17　K-DI01 模块指示灯状态说明

序号	名称	功能	颜色	状态	含义
1	PWR	电源指示	绿灯	亮	模块系统电源工作正常
				灭	模块系统电源故障
2	COM	通信指示	绿灯	亮	与主控制器通信正常
				闪	模块硬件自检正常，但组态配置不正常
				灭	与主控制器通信不正常
3	ERR	故障指示	红灯	亮	模块故障
				灭	模块正常
4	CHn（n：1~16）	通道指示	黄灯	亮	通道回路正常，输入高电平或闭合
				闪	辅助电源异常
				灭	通道回路正常，输入低电平或断开；通道禁用

注：冗余模式下，主模块的通道灯指示通道回路的信号状态，从模块的通道灯全部熄灭。

4. 底座选型

DI 模块需配套相应底座使用，并根据现场具体情况与底座特点进行底座选型，如表 3.18 所示。

表 3.18　K-DI01\K-DI11 模块底座选型

序号	底座型号	接线端子	DB37 插针	冗余	通道抗 AC220 V	备注
1	K-DIT01	√				支持干接点、二线制接近开关、湿接点、PNP 型接近开关
2	K-DIT11	√			√	支持干接点、二线制接近开关、湿接点、PNP 型接近开关
3	K-DIT02		√		√	配合 K-DIR01 端子板、K-DIR03 端子板和 K-UR01 端子板
4	K-DIT21	√	√	√	√	接线端子接线：支持干接点、二线制接近开关、湿接点、PNP 型接近开关；配合 K-DIR01 端子板、K-DIR03 端子板和 K-UR01 端子板
5	K-DOT01		√			配合 K-DIR01 端子板、K-DIR03 端子板和 K-UR01 端子板

5. 工程应用

K-DI01 模块底座的每通道都预留 2 个接线端子 An、Bn 用于接入现场信号，在 K-DI01 模块的底座上（K-DIT01、K-DIT11、K-DIT21），用 VI+、VI-、24 V+、24 V- 电源接线端子来实现不同的供电方式。

（1）干接点信号（用内部现场电源供电）。

如图 3.52 所示,通过现场电源短接作为查询电源, 24 V+ 和 VI+ 短接、24 V- 和 VI- 短接,从内部连接现场电源作为通道查询电源。

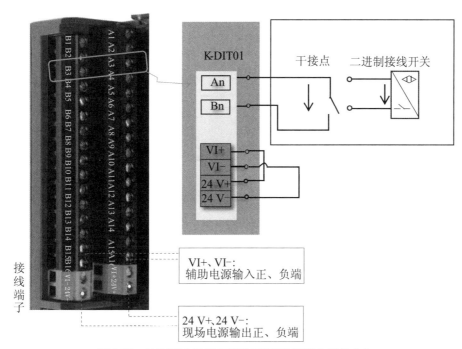

图 3.52 K-DIT01 干接点接线示意图(现场电源供电)

(2)干接点信号(外部电源供电)。

如图 3.53 所示,外部接入专用辅助电源作为查询电源。24 V+、24 V- 不接线, VI+、VI- 连接外部查询电源。K 系列的查询电源独立于系统电源和现场电源,从机柜内的查询电源分配板引出,优先推荐使用该种方法。

(3)湿接点信号。

如图 3.54 所示,当 K-DI01 模块接湿触点信号时,不需要 DCS 侧提供查询电源,因此 VI+ 和 VI- 不需要外接电源,但仍然需要构成一个通路,因此直接短接即可。24 V+、24 V- 用于现场电源检测,不需要接线。

3.4.6.2 K 系列 16 通道 DC 48 V 开关量输入模块(K-DI11)

K-DI11 模块的技术指标、模块特点、状态指示及底座选型与 K-DI01 模块相同,区别在于该模块只支持 48 V DC 查询电压。K-DI11 模块如图 3.55 所示。

K-DI11 模块既可以接入干接点信号,也可以接入湿接点信号。

(1)干接点信号。由于该模块只支持 48 V DC 查询电压,因此当现场接入干接点信号时,只能采用外部辅助电源提供 48 V DC 查询电源。该辅助电源可以从查询电源分配板接入。K-DI11 接线示意图(外部查询电源供电)如图 3.56 所示。

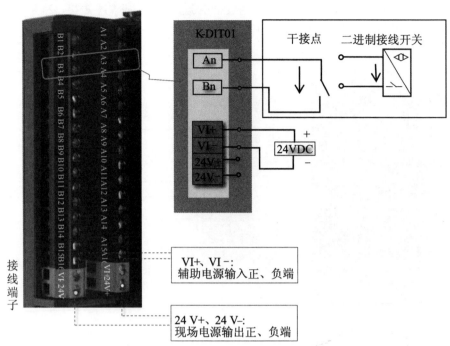

图 3.53　K-DIT01 干接点接线示意图（外部电源供电）

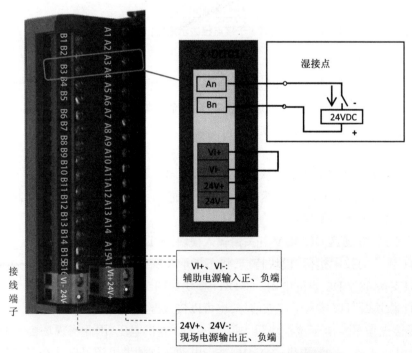

图 3.54　K-DIT01 湿接点接线示意图（仪表电源供电）

图 3.55　K-DI11 模块

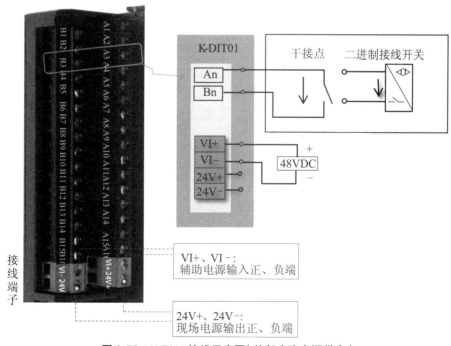

图 3.56　K-DI11 接线示意图(外部查询电源供电)

（2）湿接点信号。当现场接入湿接点信号时，不需要 DCS 侧提供查询电源，虽然 VI+ 和 VI– 不需要外接电源，但仍然需要构成一个通路，因此直接短接即可。24 V+、24 V– 用于现场电源检测，不需要接线。K-DI11 接线示意图（仪表电源供电）如图 3.57 所示。

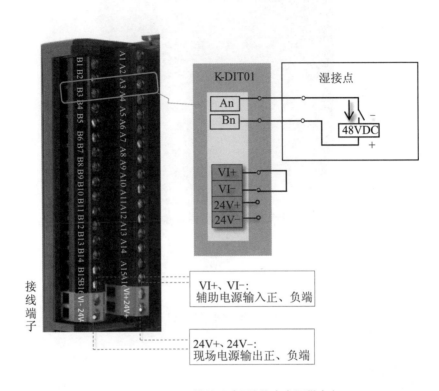

图 3.57　K-DI11 接线示意图（仪表电源供电）

3.4.7　K 系列 16 通道 DC 24 V SOE 输入模块（K-SOE01）

SOE（Sequence Of Event，事件顺序记录）开关量输入模块主要用于判断开关量动作的顺序，可以精确到 1ms，用于现场中做故障判断或事故追忆。K-SOE01 模块如图 3.58 所示。

图 3.58　K-SOE01 模块

1. 技术指标

K-SOE01 模块技术指标如表 3.19 所示。

表 3.19　K-SOE01 模块技术指标

序号	技术指标		参数
1	功耗		系统电源 1.1 W;现场电源 1.8 W
2	通道数		16 通道
3	信号类型		干接点、湿接点
4	查询电压		24 V DC(18 ~ 30VDC)
5	ON\OFF 条件	无源触点	R_{ON}:≤1 KΩ @ 18 V DC R_{OFF}:≥100 KΩ@30 V DC
		有源触点	V_{ON}:15 ~ 30 V DC 且 ≥ 3 mA V_{OFF}:0 ~ 5 V DC 且 ≤1 mA
6	输入阻抗		4.7 KΩ
7	通道扫描周期		0.1 ms/16 通道
8	通道软件滤波时间		4 ms、8 ms、12 ms、16 ms、20 ms,单通道可用户设置
9	与主控制器对时周期		1 min
10	SOE 事件分辨率		1 ms
11	SOE 事件时标精度		0.5 ms
12	事件缓存区		缓存最新的 200 条事件
13	隔离方式		光隔离
14	通道防护		± 60 VDC;220 VAC(增强型底座)
15	防混淆编码		3

2. 模块特点

（1）K-SOE01 模块的电气原理、模块基本特点参考 K-DI01 模块。

（2）SOE 事件分辨率可达 1 ms，其时钟为了保持和系统时间一致，需要定期校时，通常采用专用校时线缆连接至主控单元，通过 GPS 卫星定位校时。

（3）与主控制器的对时周期为 1 min。

（4）SOE 事件时标精度为 0.5 ms。

（5）SOE 事件缓存区可缓存最新的 200 条事件。

（6）不支持冗余配置。

3. 状态指示

状态指示与 K-DI01 模块相同。

4. 底座选型

K-SOE01 模块底座选型如表 3.20 所示。

表 3.20   K-SOE01 模块底座选型

序号	底座型号	接线端子	DB37 插针	冗余	通道抗 AC220 V	备注
1	K-DIT01	√				支持干接点、二线制接近开关、湿接点、PNP 型接近开关
2	K-DIT11	√			√	支持干接点、二线制接近开关、湿接点、PNP 型接近开关
3	K-DIT02		√		√	K-UR01 端子板：支持干、湿接点信号，二线制接近开关信号，PNP 型接近开关信号
4	K-DOT01		√			K-UR01 端子板：支持湿接点信号、PNP 型接近开关信号

5. 工程应用

K-SOE01 模块配套底座的现场接线方式与 K-DIO1 模块相同。

3.4.8   开关量输出模块（DO）

DO 模块主要将主控制器下发的高、低电平信号输出，用于驱动现场开关型设备的动作，从而改变其状态，例如电动机、电动门、电磁阀等，也可以驱动继电器、交流接触器、变频器等。为了达到很好的隔离效果，同时满足现场各种电压回路的需求，DO 模块需要配套相应的继电器端子板实现对开关型设备的控制功能。常用到的 DO 模块为 K 系列 16 通道 24V DC 开关量输出模块，即 K-DO01，如图 3.59 所示。

图 3.59　K-DO01 模块

1. 技术指标

K-DO01 模块技术指标如表 3.21 所示。

表 3.21　K-DO01 模块技术指标

序号	技术指标	参数
1	功耗	系统电源 2.6 W;现场电源 8.8 W
2	通道数	16
3	信号类型	晶体管输出
4	通道类型	有源
5	通道侧供电电压范围	21.6~26.4 V DC
6	带负载能力	Max. 50 mA@ 单通道
7	开状态电压	21 VDC@20 mA
8	关状态电压	0 V(有负载)
9	关状态漏电流	Max. 1 μA
10	开关时间	Max. 15 μs
11	冗余功能	支持
12	防混淆编码	4

2. 模块特点

(1)模块支持多种 DO 类型:常开或常闭,干触点或湿触点,可通过继电器输出端子板的跳线实现接干触点或湿触点的功能,如图 3.60 所示。

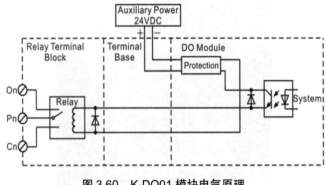

图 3.60　K-DO01 模块电气原理

（2）模块具备设备诊断、无通道故障诊断功能。其中设备诊断包括现场电源是否存在故障、I/O-BUS 冗余网络是否存在故障以及模块板级是否存在致命故障等。

（3）支持带电热插拔,并联冗余配置。

（4）当 I/O 模块与控制器通信故障时,通道输出方式包括输出保持和输出安全预设值。

3. 状态指示

K-DO01 模块指示灯状态说明如表 3.22 所示。

表 3.22　K-DO01 模块指示灯状态说明

序号	名称	功能	颜色	状态	含义
1	PWR	电源指示	绿灯	亮	模块电源工作正常
				灭	模块系统电源故障
2	COM	通信指示	绿灯	亮	与主控制器通信正常
				闪	模块硬件自检正常,但组态配置不正常
				灭	与主控制器通信不正常
3	ERR	故障指示	红灯	亮	模块硬件自检不正常或模块板级故障
				灭	模块正常
4	CHn（n：1~16）	通道指示	黄灯	亮	通道回路正常,输出高电平
				闪	辅助电源异常
				灭	通道回路正常,输出低电平;通道禁用

4. 底座及继电器输出端子板选型

K-DO01 模块需配套对应底座使用,常用底座型号为 K-DOT01。该底座为 DB37 插针型,通过 DB37 线缆和继电器输出端子板相连,同时继电器输出端子板也可以连接 2 组 K-DOT01 底座和 K-DO01 模块实现并联冗余,如图 3.61 所示。

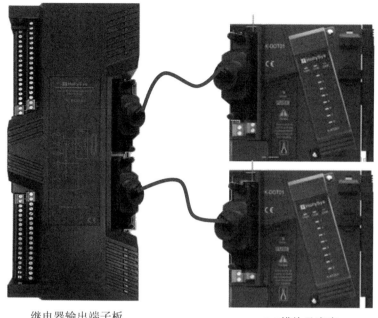

继电器输出端子板　　　　　　　　　　　DO模块及底座

图 3.61　继电器输出端子板冗余功能

继电器输出端子板选型共三种,具体如表 3.23 所示。

表 3.23　K-DO01 模块底座及端子板选型

底座型号	端子板型号	备注
K-DOT01	K-DOR01	支持常开或常闭型的干接点 / 湿接点输出(24 V/48 V/110 V DC、110/220 V AC)。两组通道(通道 1~8,9~16)相对独立,每组通道可以单独设置为干接点或湿接点输出
	K-DOR02	
	K-DOR03	支持常开或常闭型的干接点 / 湿接点信号(24 V DC、220 V AC),包括冗余或非冗余模式。每个通道可以单独设置为干接点或湿接点输出

　　以上三种端子板中, K-DOR01 和 K-DOR02 较为常用,其共同点是都有 2 组通道,每组通道可以单独设置为干接点或湿接点,其区别在于所用继电器的型号和容量不同。K-DOR03 的每个通道可以单独设置为干接点或湿接点。K-DOR01 继电器输出端子板如图 3.62 所示。

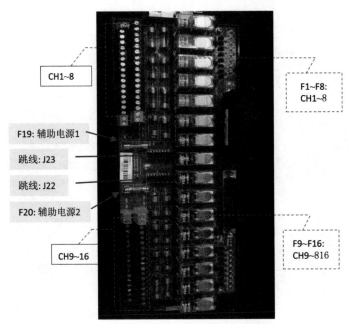

图 3.62　K-DOR01 继电器输出端子板

　　K-DOR01 继电器端子板分为 2 组,分别可以选择接干接点信号或接湿接点信号,通过跳线来选择。其中 CH1~8 对应的是 1 到 8 通道,当采用干接点输出信号时,F1~F8 中的每个保险管分别对各自通道起限流保护作用,橘色端子 VI1+ 和 VI1- 用于接入外部辅助电源,此时不接线,相应跳线 J23 断开。当采用湿接点输出信号时,F1~F8 不再起作用,此时由 F19 保险管对 CH1~8 起限流保护作用,相应跳线 J23 须短接,同时橘色端子 VI1+、VI1- 须接入相应辅助电源。CH9~16 的接法与 CH1~8 的接法相同。

　　5. 工程应用

　　K-DO01 模块可以用于干接点信号输出,也可以用于湿接点信号输出,取决于现场的信号类型,通过在继电器输出端子板上跳线进行选择。

　　(1)干接点输出。

　　每四个接线端子 On、Pn、Cn、VI1-(或 VI2-)对应一个通道,可以根据现场需要选择接入常开接点或者常闭接点。以 CH1~8 为例,当输出干接点信号时,不需要外接辅助电源,因此 VI1+、VI1- 端子不接线, J23 断开,如果接入常开接点,则信号接入 On 和 Pn 接线端子。反之,如果接入常闭接点,则接入 Cn 和 Pn 接线端子。以 CH1~8 为例的 K-DO01 干接点信号输出接线如图 3.63 所示。

　　(2)湿接点输出。

　　当输出湿接点信号时,需要 DCS 侧提供驱动电压,因此 VI1+、VI1- 须接入外部辅助电源,具体电压等级必须和现场电压回路一致,同时将 J23 短接。如果两组均为湿接点信号,可以将 VI1+ 和 VI2+ 短接,将 VI1- 和 VI2- 短接,实现一路辅助电源同时给两个回路供电,并将对应的两组跳线 J23 和 J22 分别短接。以 CH1~8 为例的 K-DO01 湿接点信号输出接线如图 3.64 所示。

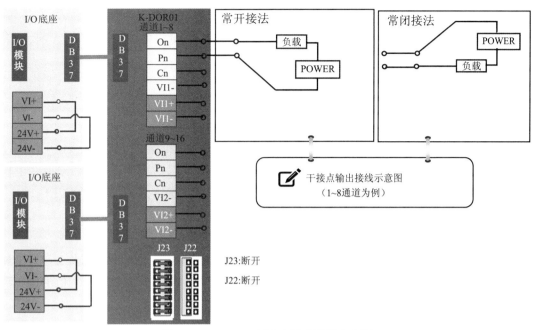

图 3.63　K-DO01 干接点输出接线示意图

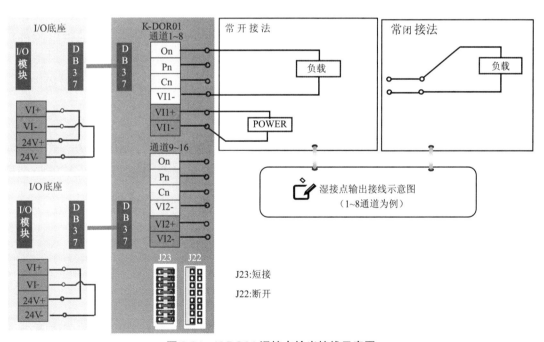

图 3.64　K-DO01 湿接点输出接线示意图

注意事项如下。

（1）K-DOT01 底座作为一款非冗余 DB37 电缆连接通用型底座，出于通用性设计考虑，现场电源并没有直接连到模块通道，需要进行手工接线。对于 DO 模块，推荐直接将端子 24 V+ 和 V+ 短接、24 V- 和 V- 短接。进行接线时，不要忘记底座的短接线，否则 DO 模块无法正常工作,会上报现场电源掉电,如图 3.64 中 I/O 底座接线所示。

（2）当外接负载 DC 24/48 V、AC 110/220 V 大于 5 A 或 DC 110/220 V 大于 1 A 时,可采用端子板外接大电流继电器方式。

3.5　接地系统

当进入系统的信号、供电电源或计算机系统设备本身出现问题时,有效的接地可以迅速将过载电流导入大地,可为 I/O 信号屏蔽、消除电子噪声干扰,防止设备外壳带电或静电积累,避免人员触电受伤和设备损坏。K 系列 DCS 接地总体上分为两种:保护地和工作地。

3.5.1　保护地

在使用超过安全电压的电气设备时,为防止电路绝缘损坏后,设备带电危及人身安全和损坏设备,同时为了避免设备外壳的静电荷积累对设备的干扰,将设备外壳不带电的金属部分与接地体连接,一般要求接地电阻不大于 4 Ω。

3.5.2　工作地

与 DCS 系统相关的工作地有以下四种。

（1）信号地:现场信号源的供电参考电平地。接地原则是,在信号源的供电侧进行接地。

（2）系统地:也叫系统基准地,通常为系统电源地(+24 V 负端),是 DCS 信号提供的一个参考电平地。

（3）通信地:内部通信电源参考电平地。

（4）屏蔽地:为了避免电磁场对仪表和信号的干扰而采取的屏蔽网接地及线缆屏蔽接地,可根据被屏蔽信号电缆的频率特性选择单点或多点接地方式。通常,AI/DI/AO/DO 信号等采用单点接地,通信网络信号等采用多点接地。

3.5.3　I/O 机柜接地方法

1. 单机柜接地

按照 DCS 接地的分类,单机柜接地如图 3.65 所示。

2. 多机柜接地

按照 DCS 接地的分类,多机柜接地如图 3.66 所示。各机柜的保护地和工作地单独引线(星型连接方式)连接到各自的总线地板。

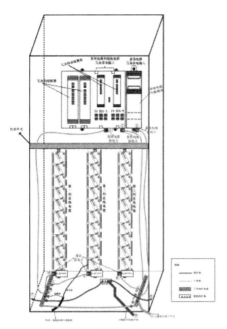

图 3.65 单机柜接地示意图

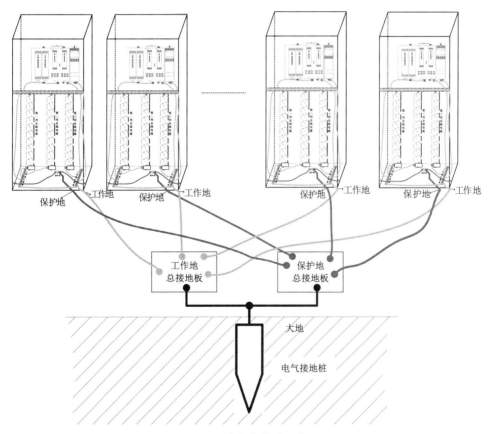

图 3.66 多机柜接地示意图

第 4 章　和利时 DCS 软件安装

4.1　软件运行环境介绍

和利时 DCS 软件 HOLLiAS MACS V6.5 为集成软件,该软件有多个版本,现场需根据软件版本及其匹配的硬件来选择计算机,且安装软件的计算机需要具备相匹配的硬件和软件运行环境。

4.1.1　硬件运行环境

和利时 DCS 所需硬件配置如表 4.1 所示。

表 4.1　硬件配置

序号	项目	工程师站	操作员站	历史站
1	计算机处理器	英特尔(Intel)酷睿四核 i5 或者以上		
2	内存	4 G 以上	2 G 以上	4 G 以上
3	存储	硬盘, 5400 rpm 500 G 以上	硬盘, 5400 rpm 500 G 以上	硬盘, 7200 rpm 750 G 以上
4	显示卡	单屏或者多屏显卡		
5	网络接口	2 块 100 M 或者 1000 M 以太网卡		
6	声卡	普通声卡		
7	外部接口	USB 接口(加密狗用)		
8	显示器	尺寸:19"/20"/ 22"/23"　　　　长宽比:16：10/16：9 分辨率:1680 × 1050(16：10)/1920 × 1080(16：9)以上		
9	键盘 / 鼠标	普通键盘 / 鼠标	普通键盘 / 专用键盘 / 鼠标	普通键盘 / 鼠标

4.1.2　软件运行环境

和利时 DCS 所需软件配置如表 4.2 所示。

表 4.2　软件配置

序号	软件类型	工程师站、操作员站	历史站
1	操作系统	Windows XP Professional+SP3 32 位 Windows 7 Professional 32 位 /64 位 Windows 10 Enterprise 64 位	Windows XP Professional+SP3 32 位 Windows 7 Professional 32 位 /64 位 Windows 10 Enterprise 64 位 Windows Server 2016 Standard 64 位
2	应用软件	Microsoft Office 2007/2010/2016/OpenOffice	

4.2 软件安装前的准备

在软件安装前需确认软件安装的版本。和利时采用定制化的方式,根据不同行业对自动化控制功能的需求,为用户提供更为专业并贴合实际的工业控制软件。MACS V6.5 软件采用"基础平台 + 基础版本 + 行业包"的结构。其中,基础平台为软件安装提供平台环境,对应的安装文件名称为 HOLLiAS_MACS_PlantView.exe。基础版本的软件根据行业的不同共分为三个版本:火电版、非电通用版和平台版。火电版主要应用于电力行业,包括符合电力行业标准、操作习惯的功能、行业图符和图库、算法指令、操作菜单等,对应的安装文件为 HOLLiAS_MACS_Huodian.exe。非电通用版主要应用于非电力行业,比如化工行业、冶金行业等,对应的安装文件为 HOLLiAS_MACS_Universal.exe。平台版主要应用于由 MACS V5 升级到 MACS V6 的软件,对应的安装文件为 HOLLiAS_MACS_General.exe。行业包根据工业领域的不同而划分,包括海外电力行业包、DEH 行业包、SIS/CCS 行业包及其他。

HOLLiAS MACS 软件根据行业及软件版本的不同,所对应的安装包也有所不同。图 4.1 所示为通用版 HOLLiAS MACS V6.5.4 的安装文件信息。

名称 ▲	▼	修改日期	类型	大小
help		2020/3/16 星期...	文件夹	
PlantView		2020/3/16 星期...	文件夹	
autorun		2020/3/16 星期...	应用程序	2,744 KB
autorun		2020/3/16 星期...	看图王 ICO 图...	20 KB
autorun		2020/3/16 星期...	安装信息	1 KB
HOLLiAS MACS V6.5.4正式版安装及升...		2020/3/16 星期...	WPS PDF 文档	767 KB
HOLLiAS_MACS_General		2020/3/16 星期...	应用程序	13,633 KB
HOLLiAS_MACS_Universal		2020/3/16 星期...	应用程序	73,707 KB

图 4.1 通用版 MACS V6.5.4 的安装文件信息

在安装前,如果计算机已安装其他版本的 MACS 软件,需要先通过控制面板卸载此软件,包括 MACS V6.5 基础平台软件、基础版本软件和行业包,注意卸载软件前要先做好工程备份。卸载完成并重启计算机后删除安装目录文件夹"HOLLiAS_MACS",方可重新安装 MACS V6.5 软件。

在实际工程应用中,计算机实现的功能不同,担当的角色也不同,一般分为工程师站、操作员站、历史站、报表打印站和通信站。因此在每台计算机上安装 HOLLiAS MACS 软件时,须根据站的分配安装相应的组件。

4.3 软件安装步骤

HOLLiAS MACS 软件的安装顺序是先安装基础平台,再安装基础版本,最后安装行业包,全部安装完成后需重启计算机。其中,基础平台软件中的各个组件既可以安装在同一台计算机上,也可以安装在不同的计算机上。

计算机可被分配成为工程师站、操作员站和历史站等角色。工程师站用于部署和管理整套控制系统,除了具备监视和操作功能外,还具备系统组态和程序下载等功能。操作员站用于对 DCS 系统和工艺系统进行远程监视和其他操作。历史站用于对历史数据进行存储和处理。为便于现场人机接口的灵活配置,在实际工程应用中,一台计算机可配置多个角色,如工程师站可以兼做操作员站,操作员站可以兼做历史站或报表打印站等。因此,在安装基础平台软件时,需要根据实际配置,即计算机所分配的角色进行一个或多个组件的勾选。下面以通用版本 MACS V6.5.4 软件为例,介绍各站软件的具体安装过程,其他版本的软件以此为参考。

4.3.1　工程师站的安装

1. 工程师站的安装步骤

（1）在安装盘目录下找到应用程序 autorun.exe,双击该应用程序,打开 Autorun 界面,如图 4.2 所示,单击 Autorun 界面中的"安装",进入安装向导。

图 4.2　Autorun 界面

通过该界面可以安装 HOLLiAS_MACS V6.5 基础平台和火电基础版软件,也可以退出安装界面。

（2）"选择安装语言"对话框提供中文或英文两种语言,默认选择"中文（简体）",如图 4.3 所示。单击"确定"。

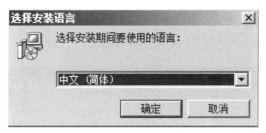

图 4.3　选择安装语言

（3）进入"安装向导"对话框,如图 4.4 所示,单击"下一步"按钮。

图 4.4　安装向导

（4）显示"选择目标位置"对话框,如图 4.5 所示,单击"浏览"按钮,设置对应的安装路径,再单击"下一步"按钮。

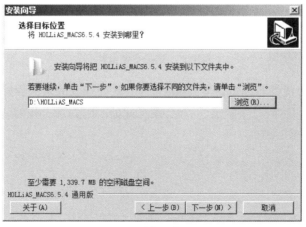

图 4.5　选择目标位置

此处需要确定软件的安装路径,安装完成后会在相应的路径下自动生成 HOLLiAS MACS 文件夹。此路径将存放编辑生成的工程文件,为了确保后期工程的可靠运行,建议不要安装在系统盘路径下。

（5）弹出"安装类型"对话框,如图4.6所示。选择"典型"可有选择性地安装组件;选择"完全"是安装所有组件,默认选择"典型",单击"下一步"按钮。

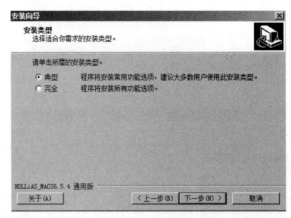

图4.6　安装类型

（6）进入"安装组件"对话框,如图4.7所示,系统默认各个组件均为选中状态。

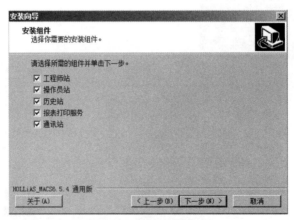

图4.7　选择安装组件

根据计算机所分配的角色,选择需要的组件。此处安装的是工程师站,只需要勾选"工程师站"（如果工程师站需要兼做操作员站,则在此处同时勾选工程师站和操作员站）,如图4.8所示,单击"下一步"按钮。

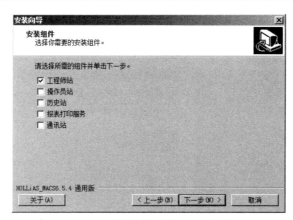

图 4.8　选择安装组件—工程师站

（7）进入工程师站配置对话框，如图 4.9 所示。该步缺省为选中状态，设置本机工程师站为主工程师站，用于后期协同组态的服务端。如不勾选，本机将作为从工程师站使用，单击"下一步"按钮。

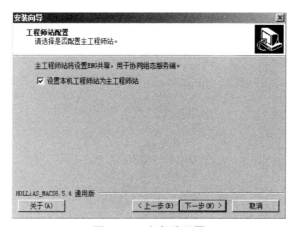

图 4.9　工程师站配置

（8）进入"正在安装"对话框，如图 4.10 所示。

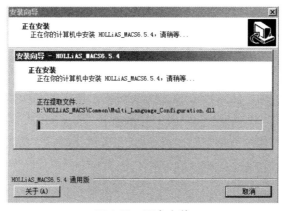

图 4.10　正在安装

安装过程中，不需要进行其他操作。待软件安装完成后，弹出"完成 HOLLiAS_MACS 安装"对话框，如图 4.11 所示，单击"完成"按钮。

图 4.11　完成安装

2. 工程师站的安装内容

工程师站对应的软件是工程总控 ，安装完成会自动生成桌面快捷方式，也可通过【开始】→【所有程序】→【HOLLiAS_MACS】查找快捷菜单，如图 4.12 所示。

图 4.12　工程师站开始菜单

工程总控是工程师站进行软件组态的入口，用于进行控制算法组态、图形组态、报表组态、操作站组态及控制站组态等。

主要工具及作用如下。

（1）HSRTS Tool：用于升级 MACS V6.5 系统控制器 RTS 程序。

（2）版本查询工具：用于查询当前系统软件所有文件的版本信息。

（3）仿真启动管理：用于仿真模拟运行现场控制站、历史站和操作员在线。

（4）离线查询（平台）：用于查询系统的趋势、报警、日志等历史数据。

（5）授权信息查看：提供分类查看授权信息、完成软件授权等功能。

4.3.2　操作员站的安装

1.操作员站的安装步骤

安装操作员站时,启动安装向导并选择目标位置后,在"安装组件"对话框中只勾选"操作员站",如图 4.13 所示。

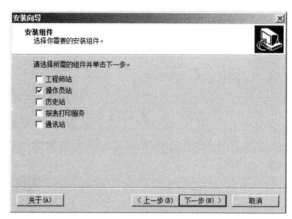

图 4.13　选择安装组件—操作员站

其余步骤与工程师站安装一致,参考工程师站安装步骤即可。

2.操作员站的安装内容

操作员站对应的软件是操作员在线,安装完成后会自动生成桌面快捷方式,也可通过【开始】→【所有程序】→【HOLLiAS_MACS】查找快捷菜单,如图 4.14 所示。

图 4.14　操作员站开始菜单

操作员在线可实现远程对 DCS 系统及工艺系统进行在线监视和控制。工具中的操作员在线配置工具用于配置本站操作员在线的登录域号、操作员在线登录后显示的主页面及报警显示模式等。其他工具的作用可参考"4.3.1 工程师站的安装"中的工具介绍。

4.3.3　历史站的安装

1.历史站的安装步骤

安装历史站时,启动安装向导并选择目标位置后,在"安装组件"对话框中只勾选"历史站",如图 4.15 所示。

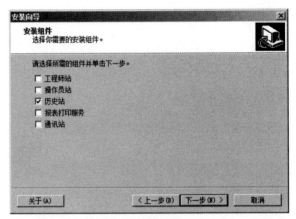

图 4.15　选择历史站

单击"下一步"按钮，再单击"浏览"设置历史数据的存储路径，如图 4.16 所示。

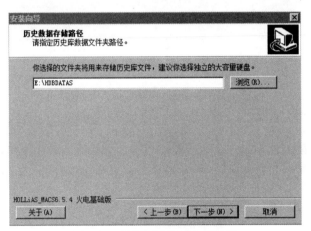

图 4.16　设置历史数据存储路径

系统默认的历史数据存储路径是：<D：\HOLLiAS_MACS\HDBDATAS>。由于历史站要存放大量的历史数据文件，会占用大量的磁盘空间，所以建议指定一个单独的磁盘来存放。

单击"下一步"按钮继续安装，其余步骤与工程师站安装一致，参考工程师站安装步骤即可。

2. 历史站的安装内容

历史站对应的是一个组件，快捷菜单位置为【开始】→【所有程序】→【HOLLiAS_MACS】，如图 4.17 所示。

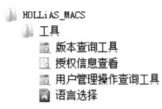

图 4.17　历史站开始菜单

各个工具的作用可参考"4.3.1 工程师站的安装"中对工具的介绍。

4.3.4　报表打印服务的安装

1. 报表打印服务的安装步骤

安装报表打印服务时,启动安装向导并选择目标位置后,在"安装组件"对话框中只勾选"报表打印服务",如图 4.18 所示。

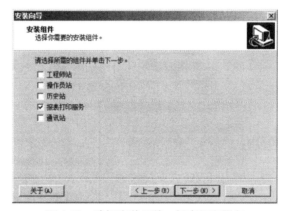

图 4.18　选择安装组件—报表打印服务

单击"下一步"按钮继续进行安装,其余步骤与工程师站安装一致,参考工程师站安装步骤即可。

2. 报表打印服务的安装内容

报表打印站安装完成后,可通过【 开始 】→【 所有程序 】→【 HOLLiAS_MACS 】查找快捷菜单,如图 4.19 所示。

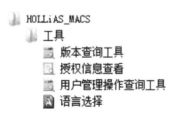

图 4.19　报表打印站开始菜单

由于报表中的所有数据均来自历史站数据,建议将报表打印服务安装在历史站上。各工具的作用可参考"4.3.1 工程师站的安装"中的工具的介绍。

第 5 章　控制方案实施任务分析与操作

在工业生产中,工艺须有完整的控制方案才能正常地生产运行。通过工程组态的方式把控制方案编译成计算机可识别的信息,下装到操作员站、历史站和现场控制站,使其运行。工程组态可以看成按照控制方案编写程序或命令的过程,用于实现对系统和工艺设备的监控。

在进行组态之前,须先创建一个工程用于存放工程的组态信息。工程组态内容主要分为五种,分别是算法组态、图形组态、报表组态、用户组态和操作组态。

(1)算法组态包含硬件配置、变量定义、用户程序组态,用于实现对工艺设备的控制。

(2)图形组态是对操作员站运行画面的组态,用于实现对系统和工艺设备的在线监控。

(3)报表组态是利用 Excel 通用制表工具绘制表格,并在表格上添加相应数据信息描述的组态,用于实现在线显示和报表打印。

(4)用户组态用于设置操作员在线的用户名称和密码,并对操作权限和区域信息进行分配,实现对工程的安全管理。

(5)操作组态用于对用户级别的权限进行设置,并对操作员专用键盘进行组态,为操作员专用键盘上的快捷键关联画面。

每种组态完成后,需下装到相应的现场控制站、历史站和操作员站,方可运行。图 5.1 所示为组态流程。

为了更直观地学习 DCS 在实际工程中的应用,本章以空分预冷系统为例,通过分析组态任务和演示组态过程,使读者理解 DCS 组态的作用并掌握组态方法。

5.1　案例工程——空分预冷系统

一、工艺背景

空分的目的是把空气分离为氮气和液氧,其中空分预冷系统是空分工艺中的一个重要环节。空分预冷系统的主要作用是把压缩后的空气经过常温水洗涤净化,再通过低温水降温,得到温度为 16~18 ℃且不含颗粒杂质的纯净空气。空分预冷系统流程图如图 5.2 所示。

空分预冷系统主要分两部分:空气冷却和水冷却。

空气冷却的主要设备为空气冷却塔。空气冷却塔中部喷淋为常温水,用于洗涤空气杂质,顶部喷淋为来自水冷塔的 12~14 ℃低温水,用于降低空气温度。

水冷却的主要设备为水冷塔。水冷塔通入低温氮气,并与常温水热交换,使常温水变为 12~14 ℃低温水。低温水通过低温水泵送往空冷塔,用于空气降温。

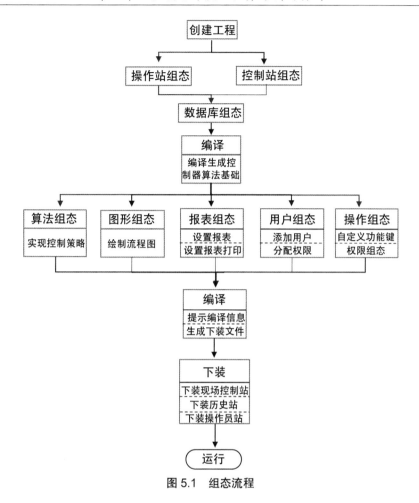

图 5.1　组态流程

二、系统设计要求

空分预冷系统设计要求如表 5.1 所示。

表 5.1　空分预冷系统设计要求

系统配置	要求有 2 台操作员站,有冗余历史站,有 1 个现场控制站(根据测点清单做控制站硬件配置)		
操作组配置要求	操作员等级	区域权限	操作权限
	监视员 A	所有区域	只能监视,不可操作
	操作员 A	空冷区域	可操作空冷区域,水冷区域不可监视
	操作员 B	水冷区域	可操作水冷区域,空冷区域可监视不可操作
	工程师	所有区域	所有区域可操作且可监视
控制要求	①空冷塔压差需在线监测,压差数据需联锁到"空压控制系统"; ②空冷塔与水冷塔底部水位需保持在稳定范围内; ③当空冷塔低温水入口流量低于下限时,开启制冷机流量入口阀,保持流量稳定; ④正常情况下,水冷塔水泵机组为一用一备,当供水量不稳定时,泵的启停应优先满足供水量; ⑤预冷后进入纯化系统的空气需检测其流量并进行流量累积		

续表

操作员站	·数据库管理　·系统状态显示管理　·工艺流程画面显示　·参数设定曲线　·键盘管理　·报表管理及打印 ·控制管理和调节　·趋势显示管理　·报警管理和列表打印　·向上层网单向发送数据
画面要求	·报警显示　·总貌显示　·控制分组显示　·流程画面显示　·趋势显示　·系统状态显示　·控制调节　·参数整定　·各种报表打印　·在线修改组态　·有选择地向上发送数据
报警要求	对过程变量报警和系统故障报警应有明显区别,可对报警分级、分区、分组,应能自动记录和打印报警信息,不同用户可在线监视查看不同报警,根据需求可过滤或抑制报警等
趋势要求	记录所有测点历史数据,可离线或在线查询趋势数据,并可比较趋势曲线
报表要求	能够显示时间报表与事件报表,能够对报表设置定时打印或手动打印

三、硬件配置

I/O 模块硬件配置如表 5.2 所示。

表 5.2　I/O 模块硬件配置

空分预冷测点清单

点名	点说明	信号类型	量程下限	量程上限	量纲	报警上上限	报警上限	报警下限	报警下下限	点类型	模块型号	模块地址	通道号	站号
PIAS1103	空气出空冷塔压力	4-20mA	0	1	MPa	0.9	0.8	0.2	0.1	AI	K-AI01	10	1	10
LICAS1138	空冷塔液面	4-20mA	0	1800	mm	1620	1440	360	180	AI	K-AI01	10	2	10
LICA1111	水冷塔液面	4-20mA	0	1800	mm	1620	1440	360	180	AI	K-AI01	10	3	10
FI1101	冷却水进空冷塔流量	4-20mA	0	300	m3/h	270	240	60	30	AI	K-AI01	10	4	10
FI1102	冷冻水进空冷塔流量	4-20mA	0	200	m3/h	180	160	40	20	AI	K-AI01	10	5	10
PDI1101	空冷塔阻力	4-20mA	0	10	KPa	9	8	2	1	AI	K-AI01	10	6	10
FI1111	出空冷塔空气流量	4-20mA	0	1000	m3/h	900	800	200	100	AI	K-AI01	10	7	10
LV1111_FV	冷却水进水冷塔流量调节反馈	4-20mA	0	100	%	90	80	20	10	AI	K-AI01	10	8	10
LV1138_FV	空冷塔出水调节反馈	4-20mA	0	100	%	90	80	20	10	AI	K-AI01	11	1	10
HV1134_FV	冷却水进冷冻塔流量调节反馈	4-20mA	0	100	%	90	80	20	10	AI	K-AI01	11	2	10
HV1135_FV	冷冻水进冷冻塔流量调节反馈	4-20mA	0	100	%	90	80	20	10	AI	K-AI01	11	3	10
TIA1103	空气出空冷塔温度	PT100_RTD	0	100	℃	90	80	20	10	RTD	K-RTD01	12	1	10
TI1105	水冷却塔排水温度	PT100_RTD	0	100	℃	90	80	20	10	RTD	K-RTD01	12	2	10
TIA1106	冷冻水进冷冻塔温度	PT100_RTD	0	100	℃	90	80	20	10	RTD	K-RTD01	12	3	10
TIA1101	空气入空冷塔温度	K_TC	0	300	℃	270	240	60	30	TC	K-TC01	13	1	10
LV1111	冷却水进水冷塔流量调节阀		0	100	%					AO	K-AO01	14	1	10
LV1138	空冷塔出水调节阀		0	100	%					AO	K-AO01	14	2	10
HV1134	冷却水进冷冻塔流量调节阀		0	100	%					AO	K-AO01	14	3	10
HV1135	冷冻水进冷冻塔流量调节阀		0	100	%					AO	K-AO01	14	4	10
WP1_STU	1号水泵运行指示									DI	K-DI01	15	1	10
WP2_STU	2号水泵运行指示									DI	K-DI01	15	2	10
WP3_STU	3号水泵运行指示									DI	K-DI01	15	3	10
WP4_STU	4号水泵运行指示									DI	K-DI01	15	4	10
WP1_FC	1号水泵远近程操作指示									DI	K-DI01	15	5	10
WP2_FC	2号水泵远近程操作指示									DI	K-DI01	15	6	10
WP3_FC	3号水泵远近程操作指示									DI	K-DI01	15	7	10
WP4_FC	4号水泵远近程操作指示									DI	K-DI01	15	8	10
WP1_EM	1号水泵电机故障指示									DI	K-DI01	15	9	10
WP2_EM	2号水泵电机故障指示									DI	K-DI01	15	10	10
WP3_EM	3号水泵电机故障指示									DI	K-DI01	15	11	10
WP4_EM	4号水泵电机故障指示									DI	K-DI01	15	12	10
GO1152	V1152电动阀阀开指示									DI	K-DI01	15	13	10
CC1152	V1152电动阀阀关指示									DI	K-DI01	15	14	10
WP1_STP	停水泵WP1									DO	K-DO01	16	1	10
WP2_STP	停水泵WP2									DO	K-DO01	16	2	10
WP3_STP	停水泵WP3									DO	K-DO01	16	3	10
WP4_STP	停水泵WP4									DO	K-DO01	16	4	10
WP1_RUN	开水泵WP1									DO	K-DO01	16	5	10
WP2_RUN	开水泵WP2									DO	K-DO01	16	6	10
WP3_RUN	开水泵WP3									DO	K-DO01	16	7	10
WP4_RUN	开水泵WP4									DO	K-DO01	16	8	10
SV1152	V1152空冷塔紧急排水电磁阀									DO	K-DO01	16	9	10

现场控制站硬件配置如表 5.3 所示。

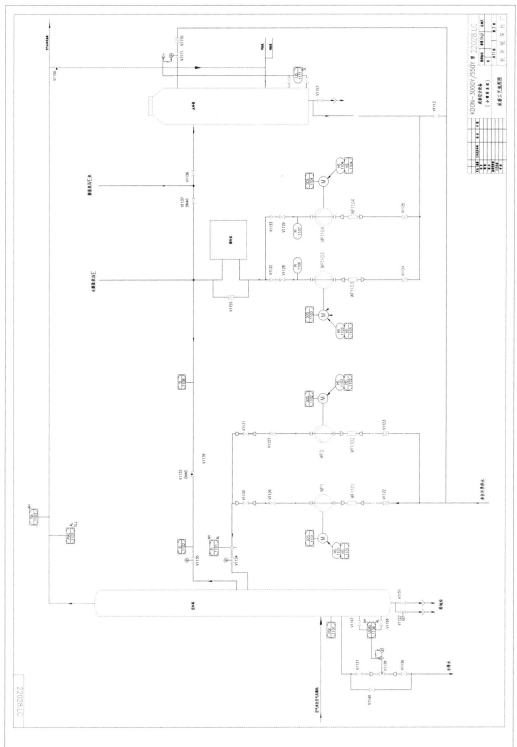

图 5.2　空分预冷系统流程图

表 5.3　现场控制站硬件配置

序号	设备	名称	型号	数量	单位
1	机柜	I/O 机柜	K0104-A1	1	套
2		扩展柜		0	
3	主控单元	4 槽主控器背板	K-CUT01	1	
4		控制器模块	K-CU01	2	
5		单槽 I/O-BUS 背板		0	
6	通信模块	I/O-BUS 模块	K-BUS02	2	
7		终端匹配器	K-BUST02	1	
8	I/O 模块	8 路模拟量输入模块	K-AI01	2	
9		8 通道热电阻输入模块	K-RTD01	1	
10		8 通道热电偶与毫伏输入模块	K-TC01	1	
11		8 路模拟量输出模块	K-AO01	1	
12		16 通道触点型开关量输入模块	K-DI01	1	
13		16 通道 24 V DC 数字量输出模块	K-DO01	1	块
14	底座	8 通道 AI 与 AO 底座	K-AT01	3	
15		8 通道 AI 与 AO 增强冗余底座		0	
16		8 通道 TC 与 RTD 底座	K-TT01	2	
17		16 通道 DI 底座	K-DIT01	1	
18		16 通道 DO 底座	K-DOT01	1	
19		继电器端子板	K-DOR01	1	
20	电源	交流电源配电板	K-PW01	1	
21		直流电源分配板	K-PW11	1	
22		查询电源配电板	K-PW21	1	
23		24 V DC（120 W）电源模块	HPW2405G	4	
24		24 V DC（240 W）电源模块	HPW2410G	2	

5.2　工程创建及管理

　　本节主要分为工程创建、工程属性管理及工程文件管理三部分。工程创建是工程从无到有的过程，用于存放工程的组态信息。工程属性管理是对工程的域号、项目、描述的修改和对工程文件加密用户的设置。工程文件管理包括工程备份、恢复、删除、打开、关闭等。

5.2.1　工程创建

　　在正式进行应用工程的组态之前，必须先针对该应用工程创建一个项目名称和工程名称。项目是比域大一个级别的范畴，一个域对应一个工程。工程一旦创建好，则代表该工程有了自己的工程名称,形成了与该工程相关的组态文件。

1. 创建工程

创建工程的步骤如下。

(1)【工程总控】→【工程】→【新建】,进入【新建工程向导】界面,完善基本信息。分别填写项目名称、工程名称、工程描述,并选择模板比例,如图 5.3 所示。

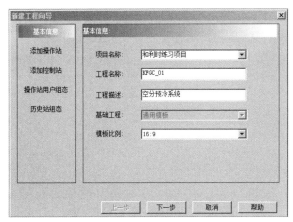

图 5.3　新建工程向导 - 基本信息

其中,项目名称可以是任意字符的组合,长度不超过 64 个字符;工程名称只能是英文字母、数字、下划线"_"的组合,英文字母不区分大小写,长度不能超过 32 个字符,工程名称不得与已存在的工程名称重复,并且工程一旦创建完成后工程名称不能修改,需要谨慎填写;模板比例应根据显示器分辨率进行相应选择,例如屏幕分辨率 1 920 × 1 080 对应的模板比例即为 16∶9。

(2)单击"下一步"按钮,进入【添加操作站】界面。用于配置操作站、工程师站、历史站信息。根据案例工程的配置要求:添加两台操作员站兼工程师站、冗余历史站,配置信息如图 5.4 所示。

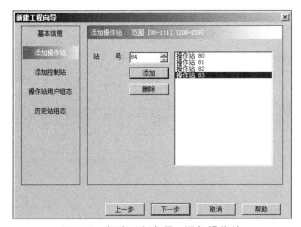

图 5.4　新建工程向导 - 添加操作站

（3）单击"下一步"按钮,进入【添加控制站】界面。根据前面的测点清单和硬件配置表,分别选择站号和控制器型号并添加。该步也可在工程创建好后通过增减控制站来完成。根据案例工程配置要求:添加一台 10 号现场控制站,配置信息如图 5.5 所示。

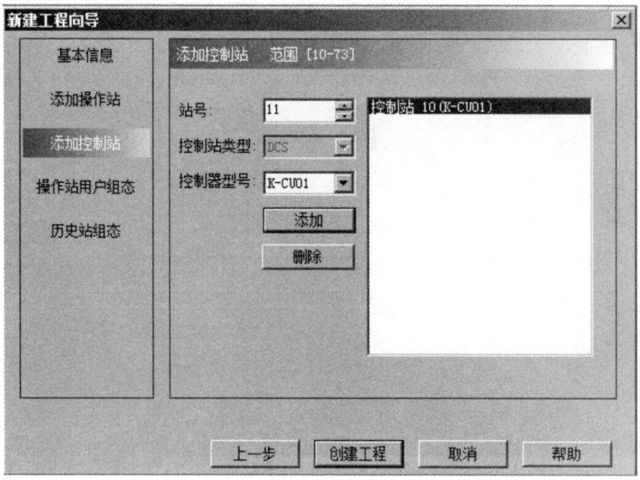

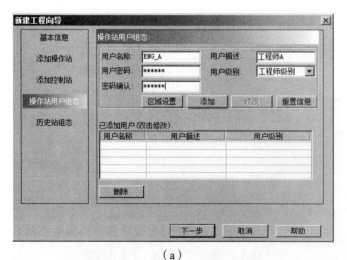

图 5.5　新建工程向导 - 添加控制站

（4）单击"创建工程"按钮,进入【操作站用户组态】界面,添加工程师级别的用户名称和用户密码,用于后期登录操作员在线。该步骤也可在工程创建好后,通过【公用信息】→【操作站用户组态】进行添加或修改。

注意,用户名称不能小于 4 个字节,用户密码必须包含大写、小写字母,且密码长度不能小于 6 个字节。

根据案例工程配置要求:添加 2 个操作员用户、1 个监视员用户、1 个工程师用户,配置信息如图 5.6 所示。其中图 5.6（a）为添加操作站的用户名称、用户密码和用户级别,图 5.6（b）为已添加的用户界面。

（a）

图 5.6　新建工程向导 - 操作站用户组态

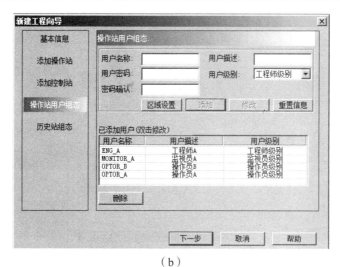

（b）

图 5.6 新建工程向导 - 操作站用户组态（续）

（5）单击"下一步"按钮,进入【历史站组态】界面,选择历史站所在的节点号。根据案例工程配置要求可知:历史站站号为 82、83,配置信息如图 5.7 所示。

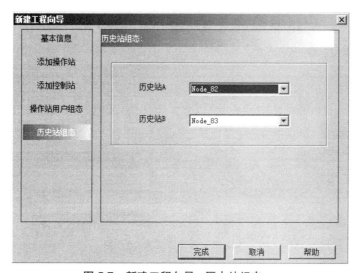

图 5.7 新建工程向导 - 历史站组态

（6）单击"完成"按钮,即完成了工程的创建。

2. 工程文件加密

工程创建后,如需要设置工程密码,可以通过【工程总控】→【工程】→【用户管理】,添加用户名称和用户密码,如图 5.8 所示。

图 5.8　工程用户管理

　　注意,工程用户并非必须添加,如需添加工程用户,建议至少有一个是工程师级别的用户,才有权限对工程进行组态。

　　此外,需要区分"工程用户"和"操作站用户"。前者是用户打开工程时需要输入的用户名称和用户密码,后者是用于登录操作员在线所用的用户名称和用户密码。"操作站用户组态"界面如图 5.9 所示。

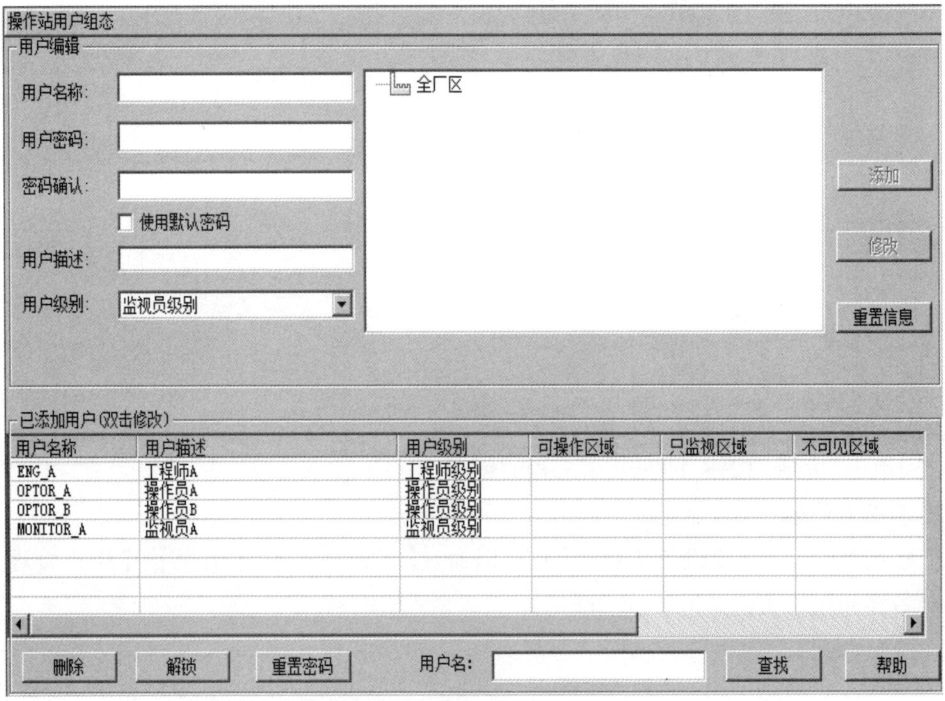

图 5.9　操作站用户组态

5.2.2　工程属性管理

1. 域号及工程描述的修改

单击【工程总控】→【工程】→【工程管理】,双击域号所对应的数字窗口,可进行相应的域号选择,完成对域号的修改,如图 5.10 所示。在此界面也可进行工程描述的修改。

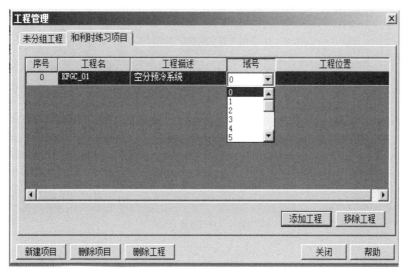

图 5.10　域号属性窗口

注意,修改域号后,在登录操作员在线之前,需要在【操作员在线配置】里进行常规配置,如图 5.11 所示。

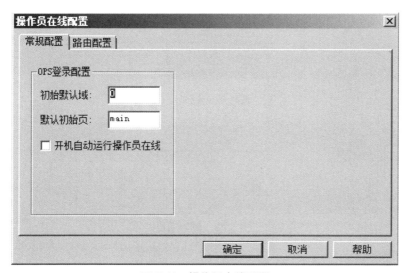

图 5.11　操作员在线配置

2. 新建项目和删除项目

对于一个大型的系统,可通过项目和域将其分为若干部分,以便于管理、维护和运行,也可通过新建项目和删除项目进行项目的管理。

1）新建项目

在【工程总控】→【工程】→【工程管理】界面中，单击"新建项目"按钮，并在弹出的窗口中完善项目名称，再单击"确定"按钮，如图 5.12 所示。

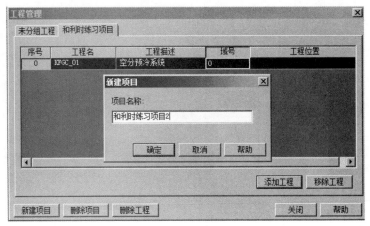

图 5.12　新建项目

2）删除项目

删除项目时需先确定该项目下没有任何工程，方可删除。在【工程总控】→【工程】→【工程管理】界面中，切换到待删除项目，单击"删除项目"按钮，并在弹出的二次确认窗口中单击"确定"按钮，如图 5.13 所示。

图 5.13　删除项目

3. 移除工程、添加工程和删除工程

在工程管理界面中，如需要修改工程所在的项目，需通过"移除工程"将该工程从某一个项目中移除到"未分组工程"，再通过"添加工程"将该工程添加至新的项目下。如需删除某个工程，可通过"删除工程"来实现。这里需要重点区分"移除工程"和"删除工程"。其中，"移除工程"只是将工程从某一个项目中移到"未分组工程"中，该工程依然存在，而"删除工程"则意味着该工程一旦被删除,则相应的工程文件也随之被删除,不可复原。因此,在"删除工程"前一定要先做好工程备份,避免带来不必要的损失。

1)移除工程

在【工程总控】→【工程】→【工程管理】界面中,找到当前工程所在的项目名称,选中待移除的工程名称,单击"移除工程"按钮,并在弹出的二次确认窗口中单击"是"按钮,将该工程移除。图 5.14 所示为将工程"KFGC_01"从当前的"和利时练习项目"中移到"未分组工程"中的操作界面。

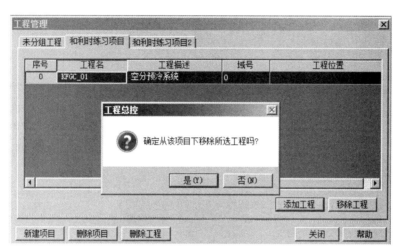

图 5.14　移除工程

2)添加工程

在【工程总控】→【工程】→【工程管理】界面中,选中该工程后期所归属的项目名称,单击"添加工程"按钮,在弹出的"未分组工程"窗口中选择需要添加的工程名称,单击"确定"按钮,将某工程添加至相应的项目中。如图 5.15 所示为将未分组工程"KFGC_01"添加至"和利时练习项目 2"的操作界面。

图 5.15　添加工程

3）删除工程

当需要删除工程时，可在【工程总控】→【工程】→【工程管理】界面，选中工程所在的项目，再选择需要删除的工程，单击"删除工程"按钮，在弹出的二次确认窗口中单击"是"按钮，将该工程彻底删除。如图5.16所示为删除"和利时练习项目2"下的"KFGC_01"工程的操作界面。

图5.16　删除工程

工程被删除后不可恢复，因此要谨慎操作，建议在删除工程前做好工程备份（备份方法见5.2.3）。

5.2.3　工程文件管理

1. 工程的备份

在工程应用中，为了防止误操作和系统破坏造成工程文件的丢失或损坏，需要定期对工程做好备份，以防工程丢失。

备份方法有两种：工程文件夹的备份和工程pbp格式的备份。

1）工程文件夹的备份

工程一旦创建完成，会在安装软件所在的磁盘根目录下生成该工程相关的组态文件，例如空分预冷工程"KFGC_01"所在的文件路径为"D：\HOLLiAS_MACS\ENG\USER\KFGC_01"，所有工程都会存放在"USER"文件夹下。例如，需要备份工程"KFGC_01"时，将"USER"文件夹里的文件"KFGC_01"进行拷贝，即完成了对该工程的文件备份。备份工程文件夹如图5.17所示。

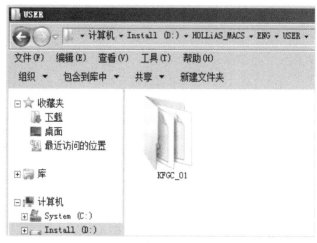

图 5.17　备份工程文件夹

采用该种方法进行备份时不能删减文件夹或修改文件属性,否则后期无法正常恢复。

2)工程 pbp 格式的备份

在【工程总控】→【工程】→【备份】路径下,弹出工程备份的路径及备份文件名称,该路径可以根据实际情况进行修改,文件属性为 pbp 格式。该格式不会被杀毒软件破坏,也不易被修改属性,因此推荐该种备份方法。选择好路径后,单击"备份"按钮进行工程备份。如图 5.18 所示为工程备份过程,其中图 5.18(a)为工程"备份"所在的下拉菜单,图 5.18(b)为工程文件存放的路径。

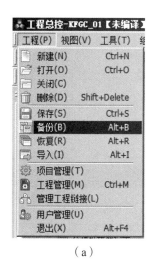

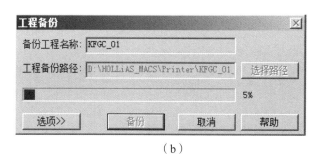

（a）　　　　　　　　　　　　　　　　　　（b）

图 5.18　工程备份

2. 工程的恢复

对工程进行备份后,一旦现场工程被删除或者被破坏,可以随时通过备份文件来恢复工程。不同的工程备份方法,对应的恢复方法也有所不同。

1)恢复方法一:导入

进行过"工程文件夹的备份"的工程,可以通过【工程总控】→【工程】→【导入】界面,在弹出的窗口选择需要导入的文件夹，完成工程的恢复。如图 5.19 所示，选择"导入"，在弹出的"浏览文件夹"窗口中选择对应路径下的"KFGC_01"工程文件，单击"确定"按钮，完成导入。导入后该工程文件夹会自动恢复到默认的"D：\HOLLiAS_MACS\ENG\USER"路径下。图 5.19（a）为"导入"工程所在的下拉菜单，图 5.19（b）为即将导入的工程存放的路径。

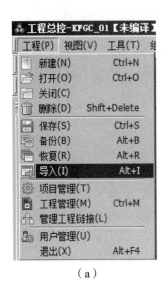
（a）

（b）

图 5.19　工程导入

2）恢复方法二：恢复

通过【工程总控】→【工程】→【恢复】界面，在弹出的窗口中单击"选择路径"按钮选择"**.pbp"文件。如图 5.20 所示，通过该方法恢复"KFGC_01"工程，在弹出的"打开"窗口选择"KFGC_01.pbp"，先单击"打开"按钮，再单击"恢复"按钮，完成工程的恢复。图 5.20（a）为"恢复"工程所在的下拉菜单，图 5.20（b）为工程存放的路径。

（a）

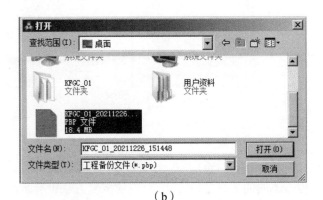
（b）

图 5.20　工程恢复

5.3　控制站组态

工程创建好之后,需要根据测点清单及硬件配置表进行数据库的组态。数据库的组态是后期控制逻辑组态及图形组态的前提,只有将具体的测点添加并完善,后期才能调用测点状态,并根据控制方案编写相应的组态逻辑。

数据库组态需要根据机柜、模块、通道的顺序逐步进行。

5.3.1　控制站的相关操作

(1)需增加控制站时,可右键单击“控制站”,在弹出的菜单中点击“增加现场控制站”;需删除控制站时,可右键单击需删除的控制站,在弹出的菜单中点击“删除现场控制站”。

【例】根据案例工程的配置要求:现场加一个主控型号为 K-CU01 的 10 号现场控制站,如图 5.21 所示。其中图 5.21(a)为增加控制站的初始位置,图 5.21(b)为选择控制站的站号和控制器型号。

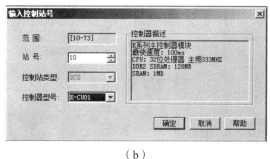

(a)　　　　　　　　　　　　　　　　　(b)

图 5.21　增加控制站

(2)通过【工程总控】→【工具】→【编译】界面,对整个工程进行编译,生成各个现场控制站所对应的控制器算法组态软件,即 AutoThink。一个现场控制站对应一个 AutoThink。除此之外,编译在对后期组态中点值的合法性进行检查的同时还刷新了数据库。图 5.22 所示为编译界面。其中图 5.22(a)为“编译”所在的下拉菜单,图 5.22(b)为编译的过程和结果。

| （a） | （b） |

图 5.22　编译界面

只有编译完成后，才能打开 AutoThink 界面。

在【工程总控】界面双击现场控制站，即可打开该控制站所对应的 AutoThink 界面，如图 5.23 所示。

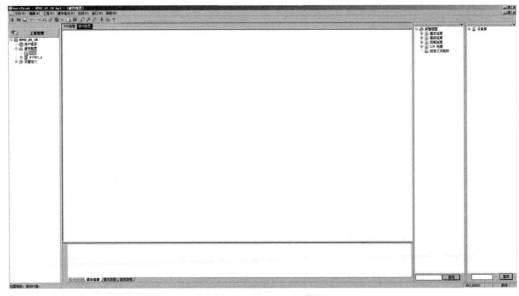

图 5.23　AutoThink 界面

5.3.2　模块组态

模块组态的目的是根据统计好的测点清单，按照设置好的模块地址、型号及数量，在控制站的机柜中添加相应的模块。结合前面的测点清单，具体组态步骤如下。

1. 添加机柜

双击工程管理中的机柜,从右侧设备库中选择对应的 K 系列机柜,单击鼠标左键将其拖曳至空白位置,完成机柜的添加。如需删除机柜,选中机柜的外边框,待其变成蓝色时,可通过单击鼠标右键直接删除。

【例】根据案例工程的配置要求:在 10 号现场控制站添加一个 K 系列主机柜,如图 5.24 所示。

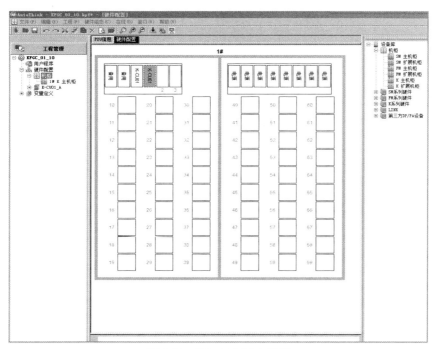

图 5.24　添加 K 系列主机柜

2. 添加模块

方法一:在【设备库】→【K 系列硬件】里选择对应的模块,单击鼠标左键将其拖曳至硬件配置机柜图中的相应位置,如图 5.25 所示。

方法二:在机柜硬件配置图中需增加模块的空白位置单击鼠标右键,或在左侧工程管理栏中选择主控器名称并单击鼠标右键,都可弹出模块添加对话框,并可根据对话框提示选择需要添加的模块,图 5.26 所示为在编辑区空白位置处通过单击鼠标右键添加模块,图 5.27 所示为在工程管理栏处通过单击鼠标右键添加模块。

如需删除模块,单击鼠标右键选择该模块后点击"删除"即可。

【例】根据空分预冷系统案例测点清单的配置要求(测点清单参见表 5.2、表 5.3):在 10 号现场控制站添加 I/O-BUS 模块及 I/O 模块,如图 5.28 所示,注意组态时添加的模块地址需与测点清单 I/O 模块地址一一对应。

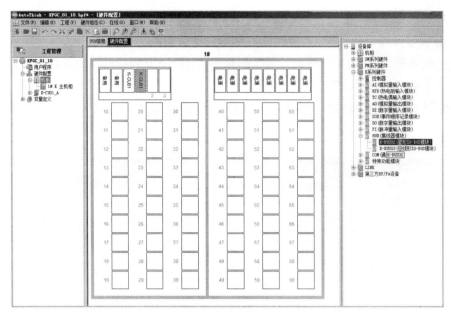

图 5.25 添加模块

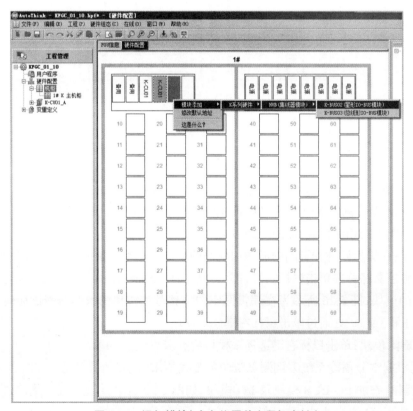

图 5.26 添加模块（空白位置单击鼠标右键）

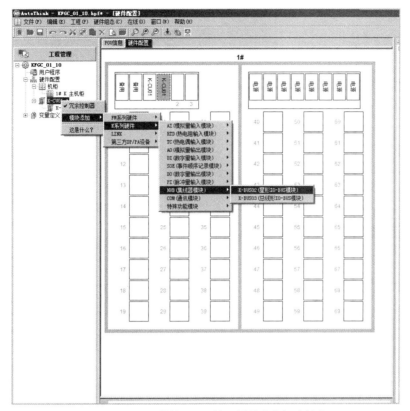

图 5.27　添加模块（工程管理栏单击鼠标右键）

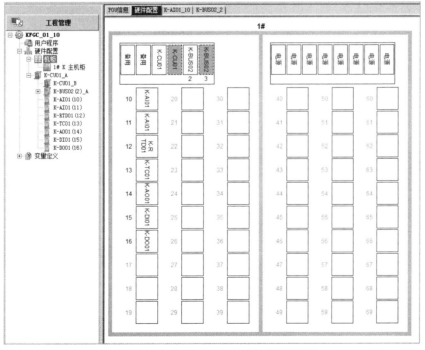

图 5.28　空分预冷系统 10 号站模块配置

3. 参数设置

双击模块会弹出相应模块的设备信息界面，灰色项不可修改，点亮的白色项可根据实际工程需求进行修改。

【例】根据空分预冷系统案例硬件配置要求对 10 号现场控制站 I/O-BUS 模块设置电源检测及通信检测参数。

（1）I/O-BUS 参数设置。

双击地址为 2 的 K-BUS02 模块，根据实际硬件配置进行参数的设置。按照本章节案例以及对应的硬件配置清单，在实际机柜内布置一列模块，现场电源 2 状态检测关闭，查询电源 48 V 不需要，因此状态检测关闭。参数设置如图 5.29 所示。

POU信息	硬件配置	K-AI01_10	K-BUS02_2

项目	内容
机柜位置	1#
输入起始地址	IB20
输出起始地址	未配置
工作温度	-20℃~60℃
最大功耗	150mA@24VDC（3.6W）
端口个数	8端口
级联个数	3级级联/1.5Mbps
通讯速率	45.45kbps~1.5Mbps
传输距离	200M/1.5Mbps
检测功能	检测各支线DP总线故障；检测柜内AC/DC电源输出电压的状
系统电源A状态检测	使能
系统电源B状态检测	使能
现场电源1-A状态检测	使能
现场电源1-B状态检测	使能
现场电源2-A状态检测	关闭
现场电源2-B状态检测	关闭
查询电源(24V)A状态检测	使能
查询电源(24V)B状态检测	使能
查询电源(48V)A状态检测	关闭
查询电源(48V)B状态检测	关闭
第1路通讯网段故障诊断	使能
第2路通讯网段故障诊断	关闭
第3路通讯网段故障诊断	关闭
第4路通讯网段故障诊断	关闭
第5路通讯网段故障诊断	关闭
第6路通讯网段故障诊断	关闭
主控侧通讯网段故障诊断	使能
扩展侧通讯网段故障诊断	关闭
用户参数保留字节1(0~255)	0

图 5.29　I/O-BUS 参数设置

（2）I/O 模块参数设置。

双击 I/O 模块弹出设备信息，可对模块配置的底座型号及其相关温度、滤波参数进行设置，例如案例要求 K-TC01 模块配置底座类型为 K-TT01，冷端补偿预设温度值为 45（对应 25 ℃），配置如图 5.30 所示（其他模块配置信息略）。

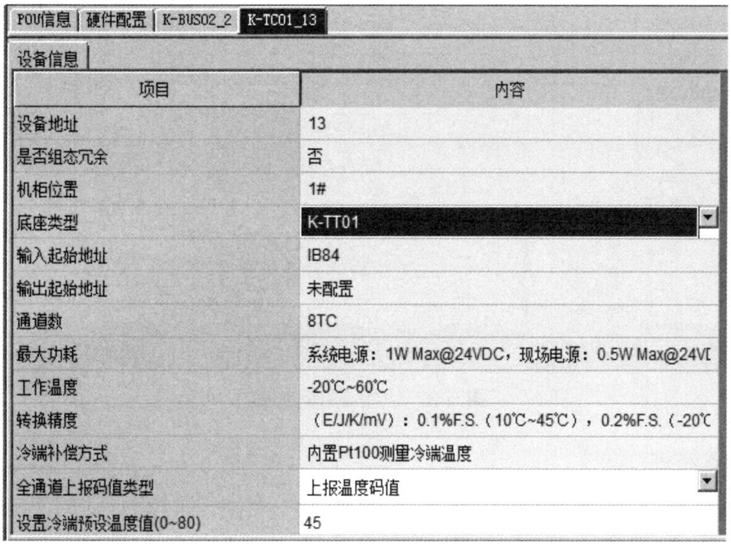

图 5.30　K-TC01 模块配置信息

5.3.3　I/O 测点组态

I/O 模块的通道是最小单元,一个 I/O 测点占用模块的一个通道。I/O 测点组态可以逐一单个添加,也可以根据工程量的大小批量添加。

1. 单个测点组态

先选中模块的通道号,再单击右键,选择"增加变量",如图 5.31 所示,系统会根据模块的型号默认添加测点信息,结合测点清单里的测点信息,必要时双击参数项进行修改。其中,点名只能是"字母""数字""_"的组合。此外,如图 5.32 所示,鼠标右键点击模块的某一通道,可以设置显示方式为"基本项"还是"全部显示"。

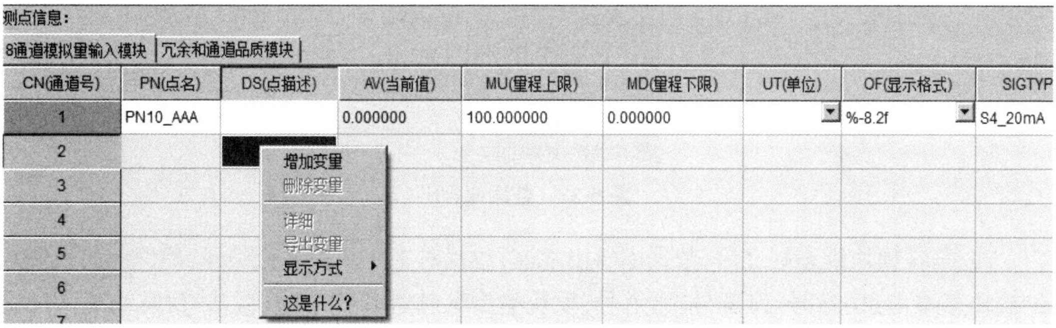

图 5.31　增加测点

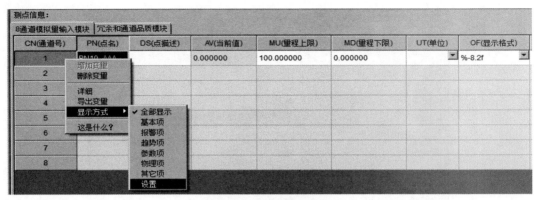

图 5.32 显示通道信息项

2. 批量测点组态

当 I/O 测点较多时，单个测点组态方法较为烦琐，且耗费时间。此时可通过批量测点组态来完成。批量测点组态需要将现场控制站内模块配置的基本信息以 Excel 表格的形式先导出，作为标准的数据库模板，然后根据测点清单的具体测点信息将数据库逐步完善，之后再进行数据库导入。具体步骤如下。

（1）【工程总控】→【工具】→【数据库导出】，如图 5.33 所示。导出时根据提示不要操作 Excel 表格。

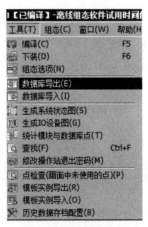

图 5.33 数据库导出

注意，在模块组态好之后，数据库导出之前，建议对工程总控进行编译，确保前面所添加的模块基本信息（站号、设备号、通道号、模块类型等基本参数项）能同步导出，为后面的批量组态减少工作量。

（2）进行数据库导出参数项选择，此处需要导出所选数据库并显示无记录的数据库，所选数据库类型根据测点清单中统计的信号类型而定。

【例】根据空分预冷系统测点清单要求（测点清单参见表 5.2）批量导入 10 号现场控制站 I/O 测点。测点类型有 AI、AO、DI、DOV、RTD、TC。根据测点清单点类型，此处需要勾选 AI、AO、DI、DOV、RTD、TC，同时需要勾选测点所在的 10# 现场控制站，如图 5.34 所示。

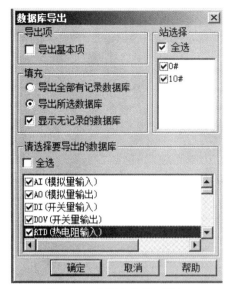

图 5.34　数据库参数项选择

单击"确定"按钮,选择数据库存储路径,保存导出的数据库文件。

(3)打开所导出的数据库,结合测点清单完善各类型测点信息,如表 5.4 至表 5.9 所示。

表 5.4　AI 类型数据库组态

PN	DS	LOC_DS	MU	MD	UT	OF	SIGTYPE	AH	H1	AL	L1	HH	H2	LL	L2	HISCP
点名	点描述	系统所使用语言的点描述	量程上限	量程下限	单位	显示格式	信号类型	报警高限	高限报警级	报警低限	低限报警级	报警高高限	高高限报警级	报警低低限	低低限报警级	采集周期
PIAS1103	空气出空冷塔压力	空气出空冷塔压力	1	0	MPa	%-8.2f	S4_20mA	0.8	1	0.2	1	0.9	1	0.1	1	00:00:01
LICAS1138	空冷塔液面	空冷塔液面	1800	0	mm	%-8.2f	S4_20mA	1440	1	360	1	1620	1	180	1	00:00:01
LICA1111	水冷塔液面	水冷塔液面	1800	0	mm	%-8.2f	S4_20mA	1440	1	360	1	1620	1	180	1	00:00:01
FI1101	冷却水进空冷塔流量	冷却水进空冷塔流量	300	0	m3/h	%-8.2f	S4_20mA	240	1	60	1	270	1	30	1	00:00:01
FI1102	冷冻水进空冷塔流量	冷冻水进空冷塔流量	200	0	m3/h	%-8.2f	S4_20mA	160	1	40	1	180	1	20	1	00:00:01
FDI1101	空冷塔阻力	空冷塔阻力	10	0	KPa	%-8.2f	S4_20mA	8	1	2	1	9	1	1	1	00:00:01
FI1111	出空冷塔空气流量	出空冷塔空气流量	1000	0	m3/h	%-8.2f	S4_20mA	800	1	200	1	900	1	100	1	00:00:01
LV1111_FV	冷却水进水冷塔流量调节阀反馈	冷却水进水冷塔流量调节阀反馈	100	0	%	%-8.2f	S4_20mA	80	1	20	1	90	1	10	1	00:00:01
LV1138_FV	空冷塔出水冷塔阀反馈	空冷塔出水调节阀反馈	100	0	%	%-8.2f	S4_20mA	80	1	20	1	90	1	10	1	00:00:01
HV1134_FV	冷却水进空冷塔流量调节阀反馈	冷却水进空冷塔流量调节阀反馈	100	0	%	%-8.2f	S4_20mA	80	1	20	1	90	1	10	1	00:00:01
HV1135_FV	冷冻水进空冷塔流量调节阀反馈	冷冻水进空冷塔流量调节阀反馈	100	0	%	%-8.2f	S4_20mA	80	1	20	1	90	1	10	1	00:00:01
BY_AI101104	备用	备用	100	0		%-8.2f	S4_20mA	0	0	0	0	0	0	0	0	00:00:01
BY_AI101105	备用	备用	100	0		%-8.2f	S4_20mA	0	0	0	0	0	0	0	0	00:00:01
BY_AI101106	备用	备用	100	0		%-8.2f	S4_20mA	0	0	0	0	0	0	0	0	00:00:01
BY_AI101107	备用	备用	100	0		%-8.2f	S4_20mA	0	0	0	0	0	0	0	0	00:00:01
BY_AI101108	备用	备用	100	0		%-8.2f	S4_20mA	0	0	0	0	0	0	0	0	00:00:01

〈 〉 〉　AI　AO　DI　DOV　RTD　TC　+

表 5.5　AO 类型数据库组态

PN	DS	LOC_DS	MU	MD	UT	OF	HISCP	HISTP	REVOPT	OUTU	OUTL	ECTU	ECTL	AREANO	MT
点名	点描述	系统所使用语言的点描述	量程上限	量程下限	单位	显示格式	采集周期	采集方式	反量程属性	输出设定上限	输出设定下限	电信号上限	电信号下限	区域	模块类型
LV1111	冷却水进水冷塔流量调节阀	冷却水进水冷塔流量调节阀	100	0	%	%-8.2f	00:00:02	0	0	100	0	20	4	0	K-A001
LV1138	空冷塔出水调节阀	空冷塔出水调节阀	100	0	%	%-8.2f	00:00:02	0	0	100	0	20	4	0	K-A001
HV1134	冷却水进空冷塔流量调节阀	冷却水进空冷塔流量调节阀	100	0	%	%-8.2f	00:00:02	0	0	100	0	20	4	0	K-A001
HV1135	冷冻水进空冷塔流量调节阀	冷冻水进空冷塔流量调节阀	100	0	%	%-8.2f	00:00:02	0	0	100	0	20	4	0	K-A001
BY_A0101405	备用	备用	100	0	%	%-8.2f	00:00:02	0	0	100	0	20	4	0	K-A001
BY_A0101406	备用	备用	100	0	%	%-8.2f	00:00:02	0	0	100	0	20	4	0	K-A001
BY_A0101407	备用	备用	100	0	%	%-8.2f	00:00:02	0	0	100	0	20	4	0	K-A001
BY_A0101408	备用	备用	100	0	%	%-8.2f	00:00:02	0	0	100	0	20	4	0	K-A001

〈 〉 〉　AI　AO　DI　DOV　RTD　TC　+

表 5.6 DI 类型数据库组态

PN	DS	LOC_DS	E0	E1	DAMOPT	DAMLV	INHDAM	SVROPT	SVR	SVRRST	SUBOPT	MANSUB	SUBVAL	REVOPT	MT
点名	点描述	系统所使用语言的点描述	置0说明	置1说明	报警属性	报警级	报警抑制	是否判别抖动	抖动时间长度	消抖时间长度	是否替代	替代模式	替代值	反量程属性	模块类型
WP1_STU	1号水泵运行指示	1号水泵运行指示	OFF	ON	0	0	0	1	2	5	0	0	0	0	K-DI01
WP2_STU	2号水泵运行指示	2号水泵运行指示	OFF	ON	0	0	0	1	2	5	0	0	0	0	K-DI01
WP3_STU	3号水泵运行指示	3号水泵运行指示	OFF	ON	0	0	0	1	2	5	0	0	0	0	K-DI01
WP4_STU	4号水泵运行指示	4号水泵运行指示	OFF	ON	0	0	0	1	2	5	0	0	0	0	K-DI01
WP1_FC	1号水泵远近程操作指示	1号水泵远近程操作指示	OFF	ON	0	0	0	1	2	5	0	0	0	0	K-DI01
WP2_FC	2号水泵远近程操作指示	2号水泵远近程操作指示	OFF	ON	0	0	0	1	2	5	0	0	0	0	K-DI01
WP3_FC	3号水泵远近程操作指示	3号水泵远近程操作指示	OFF	ON	0	0	0	1	2	5	0	0	0	0	K-DI01
WP4_FC	4号水泵远近程操作指示	4号水泵远近程操作指示	OFF	ON	0	0	0	1	2	5	0	0	0	0	K-DI01
WP1_EM	1号水泵电机故障指示	1号水泵电机故障指示	OFF	ON	0	0	0	1	2	5	0	0	0	0	K-DI01
WP2_EM	2号水泵电机故障指示	2号水泵电机故障指示	OFF	ON	0	0	0	1	2	5	0	0	0	0	K-DI01
WP3_EM	3号水泵电机故障指示	3号水泵电机故障指示	OFF	ON	0	0	0	1	2	5	0	0	0	0	K-DI01
WP4_EM	4号水泵电机故障指示	4号水泵电机故障指示	OFF	ON	0	0	0	1	2	5	0	0	0	0	K-DI01
GO1152	V1152电动阀开指示	V1152电动阀开指示	OFF	ON	0	0	0	1	2	5	0	0	0	0	K-DI01
GC1152	V1152电动阀关指示	V1152电动阀关指示	OFF	ON	0	0	0	1	2	5	0	0	0	0	K-DI01
BY_DI101515	备用	备用	OFF	ON	0	0	0	1	2	5	0	0	0	0	K-DI01
BY_DI101516	备用	备用	OFF	ON	0	0	0	1	2	5	0	0	0	0	K-DI01

〈 〉 〉| AI AO DI DOV RTD TC +

表 5.7 DOV 类型数据库组态

PN	DS	LOC_DS	E0	E1	REVOPT	MT	AREANO	SN	DN	CN
点名	点描述	系统所使用语言的点描述	置0说明	置1说明	反量程属性	模块类型	区域	站号	模块地址	通道号
WP1_STP	停水泵WP1	停水泵WP1	OFF	ON	0	K-D001	0	10	16	1
WP2_STP	停水泵WP2	停水泵WP2	OFF	ON	0	K-D001	0	10	16	2
WP3_STP	停水泵WP3	停水泵WP3	OFF	ON	0	K-D001	0	10	16	3
WP4_STP	停水泵WP4	停水泵WP4	OFF	ON	0	K-D001	0	10	16	4
WP1_RUN	开水泵WP1	开水泵WP1	OFF	ON	0	K-D001	0	10	16	5
WP2_RUN	开水泵WP2	开水泵WP2	OFF	ON	0	K-D001	0	10	16	6
WP3_RUN	开水泵WP3	开水泵WP3	OFF	ON	0	K-D001	0	10	16	7
WP4_RUN	开水泵WP4	开水泵WP4	OFF	ON	0	K-D001	0	10	16	8
SV1152	V1152空冷塔紧急排水电磁阀	V1152空冷塔紧急排水电磁阀	OFF	ON	0	K-D001	0	10	16	9
BY_D0101610	备用	备用	OFF	ON	0	K-D001	0	10	16	10
BY_D0101611	备用	备用	OFF	ON	0	K-D001	0	10	16	11
BY_D0101612	备用	备用	OFF	ON	0	K-D001	0	10	16	12
BY_D0101613	备用	备用	OFF	ON	0	K-D001	0	10	16	13
BY_D0101614	备用	备用	OFF	ON	0	K-D001	0	10	16	14
BY_D0101615	备用	备用	OFF	ON	0	K-D001	0	10	16	15
BY_D0101616	备用	备用	OFF	ON	0	K-D001	0	10	16	16

〈 〉 〉| AI AO DI DOV RTD TC +

表 5.8 RTD 类型数据库组态

PN	DS	LOC_DS	MU	MD	UT	OF	SIGTYPE	AH	H1	AL	L1	HH	H2	LL	L2
点名	点描述	系统所使用语言的点描述	量程上限	量程下限	单位	显示格式	信号类型	报警高限	高限报警级	报警低限	低限报警级	报警高高限	高高限报警级	报警低低限	低低限报警级
TIA1103	空气出空冷塔温度	空气出空冷塔温度	100	0	° C	%-8.2f	PT100_RTD	80	1	20	1	90	1	10	1
TI1105	水冷却塔排水温度	水冷却塔排水温度	100	0	° C	%-8.2f	PT100_RTD	80	1	20	1	90	1	10	1
TIA1106	冷冻水进空冷塔温度	冷冻水进空冷塔温度	100	0	° C	%-8.2f	PT100_RTD	80	1	20	1	90	1	10	1
BY_RTD101204	备用	备用	100	0	° C	%-8.2f	PT100_RTD	0	0	0	0	0	0	0	0
BY_RTD101205	备用	备用	100	0	° C	%-8.2f	PT100_RTD	0	0	0	0	0	0	0	0
BY_RTD101206	备用	备用	100	0	° C	%-8.2f	PT100_RTD	0	0	0	0	0	0	0	0
BY_RTD101207	备用	备用	100	0	° C	%-8.2f	PT100_RTD	0	0	0	0	0	0	0	0
BY_RTD101208	备用	备用	100	0	° C	%-8.2f	PT100_RTD	0	0	0	0	0	0	0	0

〈 〉 〉| AI AO DI DOV RTD TC +

表 5.9 TC 类型数据库组态

PN	DS	LOC_DS	MU	MD	UT	OF	SIGTYPE	AH	H1	AL	L1	HH	H2	LL	L2
点名	点描述	系统所使用语言的点描述	量程上限	量程下限	单位	显示格式	信号类型	报警高限	高限报警级	报警低限	低限报警级	报警高高限	高高限报警级	报警低低限	低低限报警级
TIA1101	空气入空冷塔温度	空气入空冷塔温度	300	0	° C	%-8.2f	K_TC	240	1	60	1	270	1	30	1
BY_TC101202	备用	备用	100	0	° C	%-8.2f	K_TC	0	0	0	0	0	0	0	0
BY_TC101203	备用	备用	100	0	° C	%-8.2f	K_TC	0	0	0	0	0	0	0	0
BY_TC101204	备用	备用	100	0	° C	%-8.2f	K_TC	0	0	0	0	0	0	0	0
BY_TC101205	备用	备用	100	0	° C	%-8.2f	K_TC	0	0	0	0	0	0	0	0
BY_TC101206	备用	备用	100	0	° C	%-8.2f	K_TC	0	0	0	0	0	0	0	0
BY_TC101207	备用	备用	100	0	° C	%-8.2f	K_TC	0	0	0	0	0	0	0	0
BY_TC101208	备用	备用	100	0	° C	%-8.2f	K_TC	0	0	0	0	0	0	0	0

〈 〉 〉| AI AO DI DOV RTD TC +

　　该步需要注意,AI 类型测点组态时须遵循量程上限 > 报警高高限 > 报警高限 > 报警低限 > 报警低低限 > 量程低限。

（4）对数据库的导入方式及重名点处理方式进行设置,如图 5.35 所示为"组态选项"设置路径及相关设置。

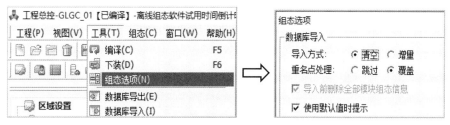

图 5.35　组态选项

该步需要注意,若导入方式选择"清空"则会在导入数据库前先删除现场控制站内所有模块的组态信息,然后导入新的数据库模块信息,如果不是新建项目则需要慎重选择。

（5）【工程总控】→【工具】→【数据库导入】,导入时建议关闭 Excel 表格文件。在弹出的窗口中选择数据库文件所在的路径,并确定导入方式,如图 5.36 所示。

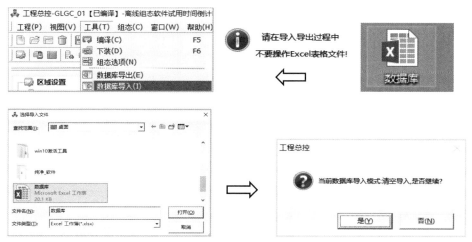

图 5.36　数据库导入

（6）【工程总控】→【工具】→【编译】,对整个工程进行编译,若无错误和警告,则显示编译完成,如图 5.37 所示。

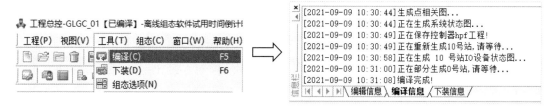

图 5.37　工程编译

注意，编译前需确认所有 AutoThink 软件都已关闭，否则无法编译。编译后如果有错误，根据具体提示进行修改，并重新导入。

（7）在工程总控界面双击现场控制站，打开对应的 AutoThink 并单击"保存"按钮，该"保存"工具的作用是对 AutoThink 文件保存并进行编译，编译后 0 错误、0 警告，此时导入完成即可查看完整的测点信息，如图 5.38 所示。

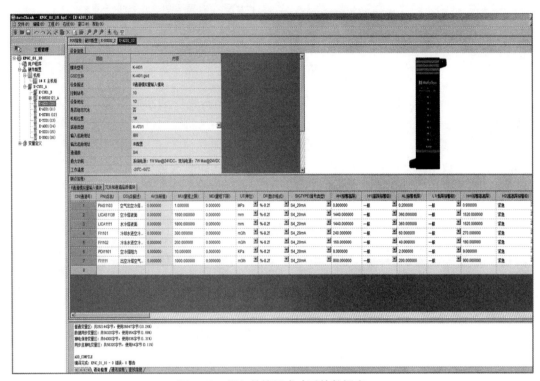

图 5.38　导入并编译成功后的数据库

5.4　控制逻辑组态

有了完整的数据库后，便可利用现有的控制器算法组态软件 AutoThink，结合实际的现场控制方案进行具体的控制逻辑组态。控制逻辑组态必须是在 AutoThink 软件中进行的。AutoThink 界面的工程管理有三个功能：用户程序、硬件配置和变量定义。

用户程序是用于创建或修改程序的唯一入口。由于编程需要在一定的环境中进行，这里的环境就是 POU，即程序组织单元，也叫用户程序。新建程序必须通过新建 POU 来完成。因此，控制逻辑组态的过程就是按照提前设计好的控制方案，创建一系列的 POU，并在 POU 中用编程语言编写相应的控制算法。同时，用户程序还可以添加文件夹，对现有的 POU 进行分类存放，便于管理。

硬件配置主要用于在组态前期根据实际工程的硬件配置清单完成软件配置的功能（硬件配置方法详见"5.3 控制站组态"）。测点信息的查看、参数项的修改以及通道的更改等都需要在硬件配置里完成。硬件配置完成后进行用户程序的组态。

变量定义用于对工程中所涉及的变量按照数据类型进行分类和汇总,便于后期组态时查找和使用。关于变量的定义和划分详见"5.4.2 变量的定义和使用"。

5.4.1　用户程序的创建

用户程序的创建需要通过添加 POU 来完成。在新建 POU 时需要明确 POU 名称、POU 类型、POU 调度周期和调度顺序等基本属性以及编程语言,这些属性取决于所编写的程序要实现的功能。程序的具体创建方法是在 AutoThink 里右键点击"用户程序",选择"添加 POU",填写基本属性后点击"确定"按钮即可,如图 5.39 所示。其中 5.39(a)为"添加 POU"所在的位置,图 5.39(b)为添加 POU 的界面。

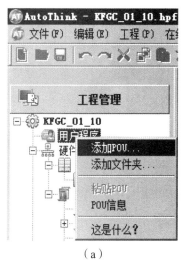
（a）

（b）

图 5.39　添加 POU

1. POU 名称

应尽可能直观地体现组态的内容。名称中只能包含字母、数字、下划线"_",不能以"_AT_"开始,且长度不超过 32 个字符,超出部分无法输入。名称不能与变量名、变量组名、数据类型、关键字、指令库名或功能块名重名。名称不能为 Windows 系统保留的设备名称:CON、PRN、AUX、NUL、COM0~9、LPT0~9。

2. 编程语言

控制器算法组态软件提供四种编程语言,分别是 CFC 语言、ST 语言、LD 语言和 SFC 语言,在添加 POU 时可根据组态的实际需要选择其中一种。

3. POU 类型

POU 分为三种类型:程序块 PRG、功能块 FB 和函数块 FUN。其中程序块是最常用的一种,需要确定调度周期和调度顺序;功能块在自己开发功能块时使用;函数均需要设置函数返回值的数据类型。

4.调度周期和调度顺序

调度周期和调度顺序只是针对程序块类型的 POU 而言的。调度周期是指某个 POU 第 N 次和第 $N+1$ 次开始执行的时间间隔,即多长时间被调度一次,单位是 ms。这里需要和任务周期区别开,任务周期是 CPU 的扫描周期。对于 K 系列的控制器来说,调度周期分为 100 ms、200 ms、500 ms、1 000 ms 和禁止调度。其中,禁止调度只是不被任务调用,但仍然可以被其他 POU 调用。调度顺序是指该 POU 被调用的先后次序。例如,有 A、B、C、D 四个 POU,调度周期分别为 100 ms、200 ms、200 ms、500 ms,假如任务周期为 100 ms,则调度周期和调度顺序的关系以及一个任务周期内各个 POU 的调度过程如图 5.40 和图 5.41 所示。

调度顺序	程序名及调度周期	1	2	3	4	5	6	7	8	9	10	11	12	13	14	15
1	A(100ms)	调度	调度	调度	调度	调度	调度	调度	调度	调度	调度	调度	调度	调度	调度	调度
2	B(200ms)	调度		调度		调度		调度		调度		调度		调度		调度
3	C(200ms)	调度		调度		调度		调度		调度		调度		调度		调度
4	D(500ms)	调度				调度					调度					

图 5.40　POU 调度周期与调度顺序的工作关系

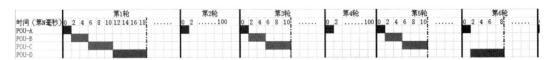

图 5.41　一个任务周期(100 ms)内的调度过程

5.4.2　变量的定义和使用

变量用来保存和表示具体的数据值,在运行过程中是一个实时变化的量,通过变量名来识别。变量需要先声明才能使用。因此,需要了解变量的命名规则、变量的划分以及变量的数据类型才能正确地进行变量声明。

1.变量的命名规则

(1)变量名采用字母、数字和下划线组合,长度最多不超过 32 个字节。

(2)变量名识别下划线,例如 AB_CD 和 ABC_D 被认为是两个不同的变量名。

(3)变量名不区分大小写,例如 VAR1、Var1 和 var1 表示相同的变量。

(4)变量名不能为空,且不能包含空格,例如 AB CD 是错误的变量名。

(5)变量名中不能包含特殊字符,如中划线 "-" 和加号 "+" 等,例如 AB-CD 和 AD+CD 是错误的变量名。

(6)变量名不能与类型名(包括自定义类型)、POU 名、枚举名、任务名或类型转换函数名重名。

(7)变量名在整个工程中保证唯一,变量名不能与关键字相同。

2.变量的划分

变量的划分方式有多种,按照结构形式可以分为点类型和功能块型,按照含义可以分为物理变量和中间变量。

3. 变量的数据类型

变量的数据类型有很多种,例如常用的布尔型(BOOL)、实数型(REAL、LREAL)、整型(INT、BYTE、WORD 等)、字符串型(STRING)、时间型(TIME)等。关于变量的划分以及对应的数据类型可以参考图 5.42。

图 5.42　变量的数据类型

4. 变量的定义

变量的定义方法有两种,可以通过变量声明框定义,也可以通过变量列表定义。

(1)变量声明框。

针对 CFC 语言,在 POU 的编辑区,可以通过输入元件、输出元件或者块元件写入变量名称来弹出变量声明框,进行变量的定义。如图 5.43 所示为输入输出变量声明,图 5.44 所示为功能块声明。

图 5.43　输入输出变量声明

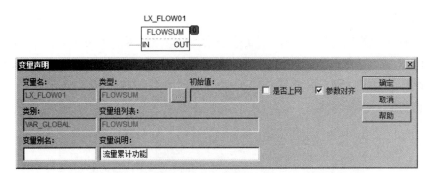

图 5.44　功能块声明

（2）变量列表。

通过变量列表单独定义中间变量可打开"变量定义"中的"全局变量"，选择需要添加的变量类型文件并双击，在右侧变量组态区域可单击鼠标右键弹出工具框并选择增加变量。如图 5.45 所示为增加 AM 类型全局变量。

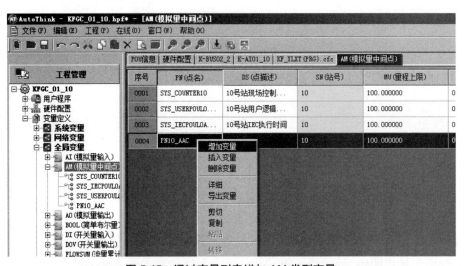

图 5.45　通过变量列表增加 AM 类型变量

5. 变量的删除

在变量定义的过程中，如果变量的数据类型定义错误，可删除变量之后再重新进行定义。这里需要注意，如果删除调用变量的输入、输出元件或块元件，只是删除了变量在该 POU 中的调用，并没有从列表中彻底删除。

删除方法：双击全局变量对应的数据类型，弹出全局变量列表，在全局变量列表区选择待删除的变量，在其上单击鼠标右键选择"删除变量"即可，如图 5.46 所示。

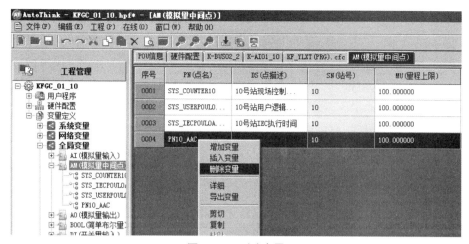

图 5.46　删除变量

6. 变量的使用

在程序中使用简单型变量时,直接输入变量名称就可以把引用的变量数值调用出来参加程序运算。但在调用复杂型变量、I/O 物理变量、功能块变量时,不仅需要输入变量名称,同时还需要选择变量参加程序运算的项信息。

当需要调用复杂型变量时,具体使用规则如下。

(1)引用 AI、输入型 AM 类型变量时,引用项为 AV 项 $\boxed{\text{AFI\_LX}\ |\ \text{AV}} \longrightarrow$ 。

(2)引用 AO、输出型 AM 类型变量时,引用项为 AI 项 $\longrightarrow \boxed{\text{AFI\_OUT}\ |\ \text{AI}\ \textcircled{1}}$ 。

(3)引用 DI、输入型 DM 类型变量时,引用项为 DV 项 $\boxed{\text{K1}\ |\ \text{DV}} \longrightarrow$ 。

(4)引用 DO、输出型 DM 类型变量时,引用项为 DI 项 $\longrightarrow \boxed{\text{K2}\ |\ \text{DI}\ \textcircled{21}}$ 。

(5)网络变量的引用:"被引用点所在域号"+"被引用点所在站号"+"@"+"被引用点的变量名",例如"011@VAR01"。

(6)其他语言访问一个功能块实例或者全局变量的项,书写格式为:"变量名.项名",例如 PID01.SP(取 PID01 的设定值项)。

5.4.3　组态语言介绍

MACS V6 系列组态软件支持四种组态语言,分别为 CFC 语言、ST 语言、LD 语言和 SFC 语言。

1. CFC 语言

CFC 语言(Continuous Function Chart,连续功能图),是一种图形化的编程语言。CFC 语言编辑的 POU 支持简单的定位和功能块、函数与变量之间的连接。一个使用 CFC 语言编辑的 POU 页面由标题栏和图形区组成,组态界面如图 5.47 所示。

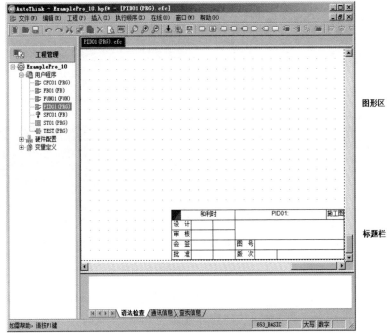

图 5.47　CFC 语言组态界面

　　CFC 语言图形区中没有使用捕捉栅格，因此元素可以任意放置，如图 5.48 所示，连续处理的元素包括框、输入、输出、跳转和返回等。块元素与一个元素的输出引脚和另一个元素的输入引脚连接。这里的连接形式用信号流线表示。信号流线的编辑通过在按下鼠标左键的同时进行拖动来完成，此时信号流线自动画出。

　　在 CFC 语言的 POU 中，每个块和输出元件的执行顺序可以独立设置。

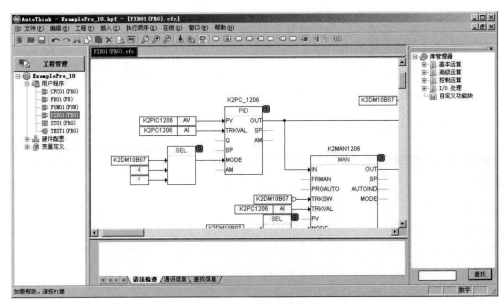

图 5.48　CFC 语言

2. ST 语言

ST 语言(Structured Text,结构化文本)是能够执行多种操作的结构化文本,是一种源自 IEC61131-3 标准的文本化编程语言。与 CFC 语言不同, ST 语言的作用范围可以通过调用相应关键词的条件语句和循环语言来延伸,库管理器中所有的函数和功能块都可以在 ST 语言中被调用,ST 语言组态界面如图 5.49 所示。

图 5.49　ST 语言组态界面

ST 语言可以执行多种操作,例如调用功能块、赋值和有条件地执行指令和重复任务。ST 的编程语言由表达式、操作数、操作符、语句等元素组成,如图 5.50 所示。

- 表达式:由操作数和操作符组成的结构,在执行表达式时会返回值。
- 操作数:表示变量、数值、地址、功能块等。
- 操作符:执行运算过程中所用的符号。
- 语句:用于将表达式返回的值赋给实际参数,并构造和控制表达式。

ST 语言的执行顺序为从左到右,从上到下,按照编排在 ST 编辑器中的语句顺序执行,此顺序只能通过插入循环语句来改变。

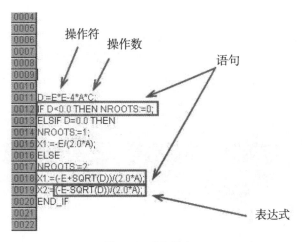

图 5.50　ST 语言

3. LD 语言

LD 语言(Ladder Diagram,梯形图),是一种基于 IEC61131-1 标准的图形化编程语言。LD 语言是源自现场的电磁继电器,用来表明控制器的 POU 的独立节点当前通过的电源流。LD 语言组态界面如图 5.51 所示。

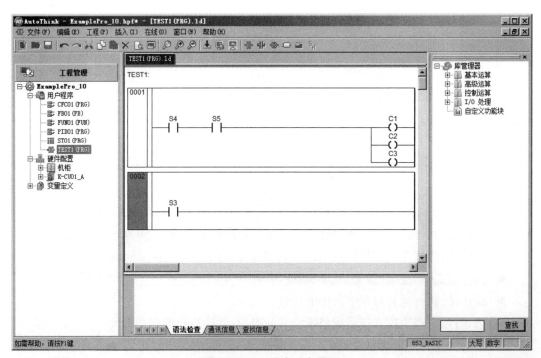

图 5.51　LD 语言组态界面

LD 语言是由常开触点、常闭触点、功能块、逻辑线圈及电源流线等元素构成的网络平面图,如图 5.52 所示。一个 LD 程序中可以有若干个网络节点,它们按照从上到下的顺序进行运算。如果需要改变执行顺序,可使用跳转元素进行跳转。

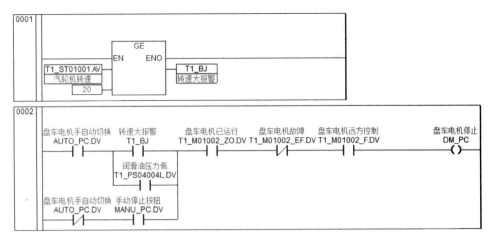

图 5.52　LD 语言

4. SFC 语言

SFC 语言(Sequential Function Chart,顺序功能表图)是 IEC61131-3 标准中的一种编程语言,组态界面如图 5.53 所示。

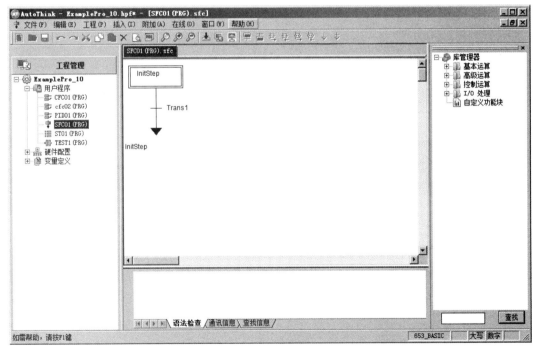

图 5.53　SFC 语言组态界面

如图 5.54 所示, SFC 语言为流程图式结构,这个结构类似网络节点元素,用独立的元素表示用户的子程序。整个顺序功能图包含若干个子程序,这些子程序关联到"步"和"转换条件",可以通过 CFC、ST、LD 三种语言中的任何一种来编写"步"或"转换条件"中嵌套的控制程序。

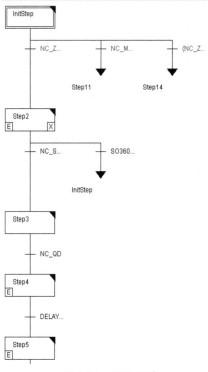

图 5.54   SFC 语言

5.5   流程图组态

工艺流程图直接体现生产工艺的设备布局、介质流向、测点的显示以及设备的运行状态等，是人机交互的唯一窗口。一个完整的工艺流程图既包括静态的设备也包括动态的设备。例如预冷系统中的管道、塔等，它们都属于静态设备，在离线和在线运行时状态都一样。在工艺流程图中，更多的是动态设备，例如泵、调节阀、电磁阀等，它们在运行过程中随时可能会发生状态的改变，或者随时都会改变工作方式、调整参数等，因此需要通过组态添加相应的特性来实时反映设备的运行状态或下发命令、修改参数等。这个创建流程图以及修改、编辑的过程就属于流程图组态。因此，流程图组态就是根据实际的工艺流程，使用图形编辑软件绘制对现场工艺参数和设备进行监视和操作的流程图画面。图 5.55 所示为组态好的预冷系统流程图。

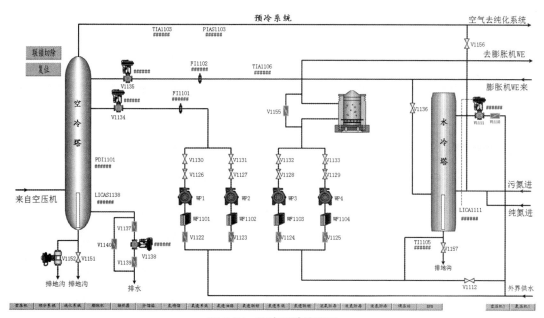

图 5.55　预冷系统流程图

　　一个完整的图形组态包含三部分:静态属性、动态特性和交互特性。其中:静态属性体现了设备的基本属性;动态特性用于通过不同的方式读取设备的运行状态,例如变色、闪烁、填充颜色等;交互特性用于通过人机交互的方式下发命令、弹出面板或修改参数等。因此,对于图形中的任何一个设备而言,至少具有三个属性中的一个或者多个属性。组态的顺序是先新建图形,然后根据工艺的要求对图形添加相应的特性,最后再保存下装到操作员站和历史站。

5.5.1　图形分类介绍

　　按照组态的生成方式划分,图形可以分为系统画面和工艺流程图。其中系统画面包含系统状态图和 I/O 设备图,该图形在工程创建好并编译之后,由系统默认根据工程的体系结构自动生成。而工艺流程图是需要根据实际的工艺流程和测点清单,利用图形编辑软件手动绘制的图形。图 5.56 所示为系统画面中的系统状态图。

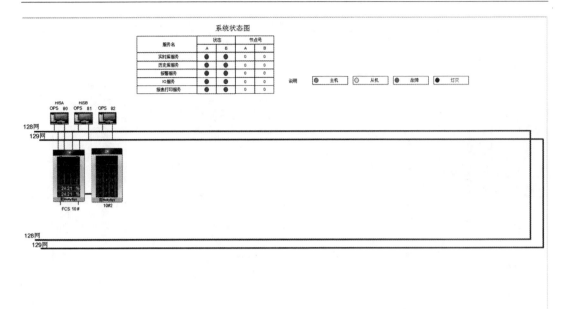

图 5.56   系统状态图

按照页面的功能划分,图形还可以分为普通页面(工艺流程图、系统图)、操作面板和流程图模板。其中操作面板可以是用于对某个设备状态进行监视、下发命令的面板,也可以是集中显示某个设备所有相关参数,并进行状态确认的面板,通常以小窗口的形式出现,不会布满整个屏幕。而流程图模板是以模板的形式绘制的图形,可以被工程中所有的图形调用。图 5.57 所示分别为 PIDA 操作面板和 MOT2 操作面板。

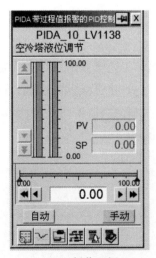

PIDA 操作面板

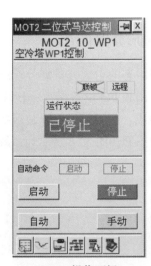

MOT2 操作面板

图 5.57   操作面板

5.5.2　流程图创建与管理

新建图形是进行图形组态的第一步,通过新建图形即创建了相关图形文件,便于后期编辑、管理和下装。

1. 流程图创建

【工程总控】→【操作组态】→【工艺流程图】→【新建】,如图 5.58 所示,完善画面名称和画面描述,再单击"确定"按钮,即可创建工艺流程图。

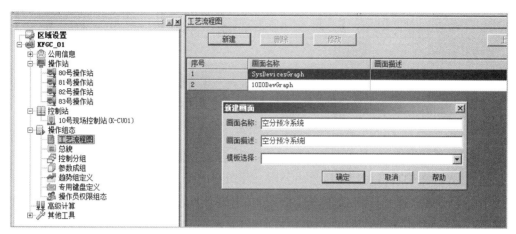

图 5.58　流程图创建

流程图创建好之后,就生成了相应的图形编辑界面,后期也可以通过双击图形工作区域弹出画面属性窗口,从而修改图形名称、画面大小、背景等基本参数。图 5.59 所示为新建图形后的图形界面。

①标题栏
②菜单栏
③工具栏
④画面/符号库目录
⑤工作区
⑥属性窗口
⑦状态栏

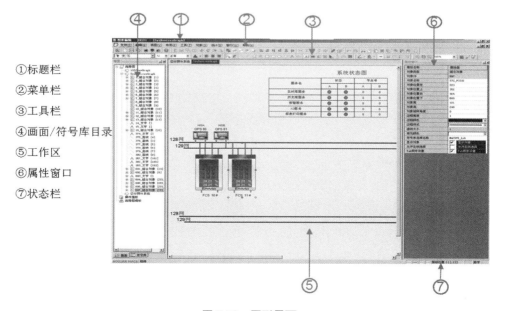

图 5.59　图形界面

2. 流程图导入、导出

图形组态过程中，为了提高效率，必要时可以考虑将某些图形文件在不同工程中互相引用，此时就需要将该图形文件从原工程导出后再导入到另一个工程中，因此需要掌握图形的导入和导出，图 5.60 所示为图形导入、导出界面。

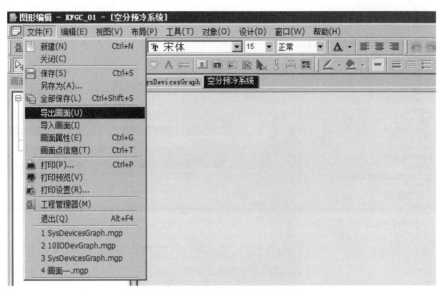

图 5.60　流程图导入、导出界面

【图形编辑】→【文件】→【导出画面】，在弹出的对话框中勾选需要导出的画面，单击"导出"按钮，并选择文件存储路径即可。在相应的路径下会生成 **.mgp 格式的图形文件，图 5.61（a）为选择"空分预冷系统"画面，即将其从工程"KFGC_01"中导出，图 5.61（2）为导出后的图形文件。

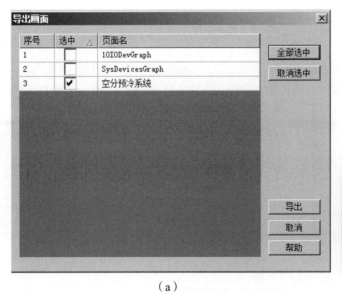

（a）　　　　　　　　　　　　　　（b）

图 5.61　导出图形文件

【图形编辑】→【文件】→【导入画面】,在弹出的窗口中选择即将导入的图形文件所在路径,选中图形文件,单击"打开"按钮,即可导入流程图。如图 5.62 所示,选择"空分预冷系统.mgp"图形文件并将其导入 KFGC_01 工程中。

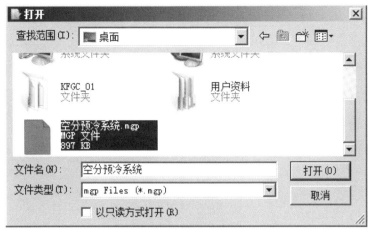

图 5.62　流程图导入

当导入图形与图形编辑器中已有图形重名时,会弹出是否覆盖的对话框,如图 5.63 所示。如需要导入此图形文件但又不想覆盖原文件,可以选择重命名使导入文件以其他名字存储到工程中。

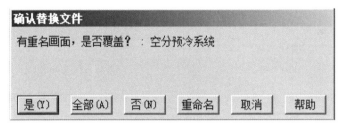

图 5.63　流程图导入重名提示框

3. 流程图删除

如果需要删除工程中的某个图形,首先需要关闭该图形的图形编辑窗口。在图形编辑界面,选中需要删除的图形名称,单击鼠标右键,选择"删除画面",即可删除该图形。这里需要注意,删除图形后,该图形文件也会从工程文件夹中同步删除,建议谨慎操作。如图 5.64 所示为将"空分预冷系统"图形从工程"KFGC_01"中彻底删除。

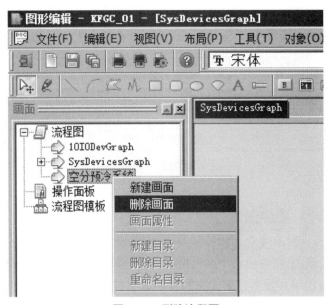

图 5.64　删除流程图

5.5.3　静态图形的绘制

在绘制静态图形时,可以根据图形编辑中工具栏里的各种主要工具和辅助工具绘制基本图形,也可以从系统符号库中调取现有图形,从而提高绘图效率,如图 5.65 所示。

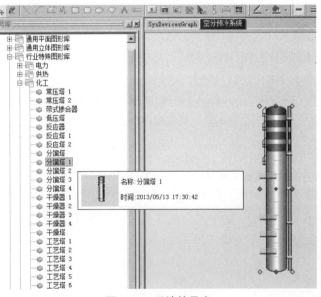

图 5.65　系统符号库

【例】根据空分预冷系统案例系统设计画面要求:完成空分预冷系统流程图静态图形绘制。图 5.66 所示为绘制完成的空分预冷系统静态流程图。

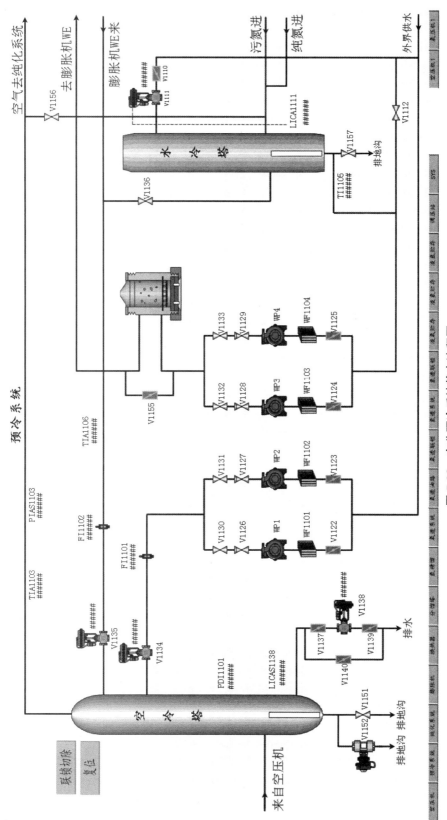

图 5.66　空分预冷系统静态流程图

5.5.4　动态图形的设置

在静态图形绘制好后，要想让一些设备在线运行时实时表示数据库中点值的变化，或者运行状态的变化，可以通过添加动态特性来实现。因此，动态特性用于读取数据库中的点值，从而通过不同方式来反映设备状态。

常用到的动态特性有文字特性、模拟量值特性、变色特性、隐藏特性、闪烁特性、填充特性、旋转特性以及移动特性等，下面将逐一进行介绍。

1. 文字特性（开关量）

对于开关量类型的变量，可用文字特性通过文字内容来显示设备的运行状态。例如泵的运行、停止、故障等状态，压力高、低等报警状态。

【例】根据空分预冷系统案例系统设计画面要求：图形对象如图 5.67 所示，当"电磁阀联锁"信号值为 TRUE 时文字显示"联锁已投入"，信号值为 FALSE 时显示"联锁已切除"。

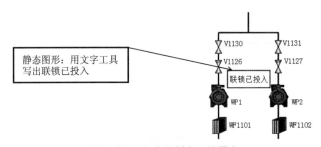

图 5.67　文字特性（开关量）

文字特性的参数设置如图 5.68 所示。

图 5.68　文字特性的参数设置（开关量）

2. 模拟量值特性

模拟量值特性是指按照数据库或设置的格式,显示模拟量的数值和单位。该特性仅对文字对象有效,通过一个特性可以同时显示模拟量数值和单位,并可分别设置该模拟量在报警和坏点时的颜色。

【例】根据空分预冷系统案例系统设计画面要求:图形对象如图 5.69 所示,当画面运行时让点名下方的 TIA1103 显示对应点的实时数值。

图 5.69　模拟量值特性

模拟量值特性的参数设置如图 5.70 所示。

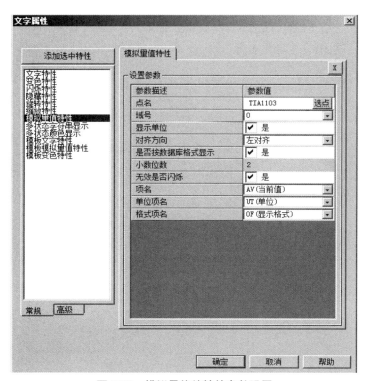

图 5.70　模拟量值特性的参数设置

模拟量值特性能同时显示数值和单位,并可分别设置坏点颜色、恢复颜色及报警颜色等。因此,该特性更多地被应用在现场,用于显示实时点值。

3. 变色特性

变色特性是指通过条件触发,在线时图形进行相应的条件变色。该特性通常更多地用于显示开关量设备的运行状态,例如阀门的开到位、关到位、故障等。

【例】根据空分预冷系统案例系统设计画面要求:图形对象如图 5.71 所示,对 WP1、WP2、WP3、WP4 水泵的状态指示灯进行变色特性设置,当启泵时指示灯显示绿色,停泵时指示灯显示红色。

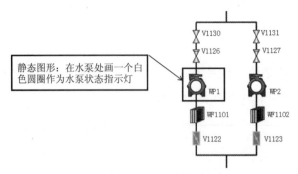

图 5.71　变色特性

变色特性的参数设置如图 5.72 所示。

图 5.72　变色特性的参数设置

4. 隐藏特性

隐藏特性是指当满足设置的条件时，使图形隐藏起来不可见，否则显示。该特性通常用于对故障信号或报警信号进行设置，当信号触发时正常显示，当信号未触发时隐藏起来不可见。

【例】根据空分预冷系统案例系统设计画面要求：图形对象如图 5.73 所示，当水泵电机故障信号为 TRUE 时报警标签显示出来，用来提醒操作人员；当水泵电机故障信号为 FALSE 时，将标签隐藏不可见。

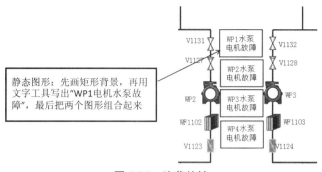

图 5.73　隐藏特性

隐藏特性的参数设置如图 5.74 所示。

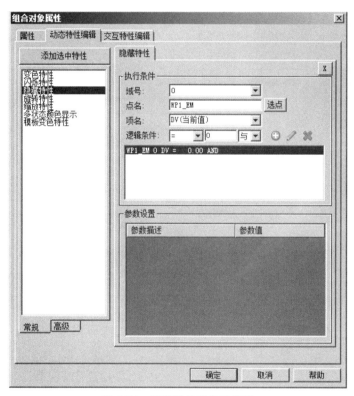

图 5.74　隐藏特性的参数设置

5. 闪烁特性

闪烁特性是指通过条件触发,使图形按照一定的频率闪烁。该特性通常用于显示开关量设备的一种状态,例如泵的故障或压力的高、低报警等。

【例】根据空分预冷系统案例系统设计画面要求:图形对象如图 5.75 所示,在报警标签"水泵电机故障"显示报警的同时图形闪烁,用来提醒操作人员。

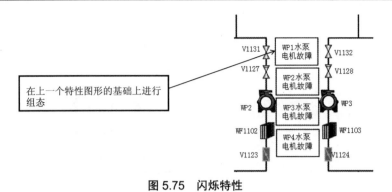

图 5.75 闪烁特性

闪烁特性的参数设置如图 5.76 所示。

图 5.76 闪烁特性的参数设置

6. 填充特性

填充特性是指封闭图形的颜色填充随模拟量值的变化成正比例变化，适用于图形对象。该特性通常可用来直观地表示模拟量数值的大小，例如阀门的指令与反馈、液位的高低以及 PID 参数等。

【例】根据空分预冷系统案例系统设计画面要求：图形对象如图 5.77 所示，请用棒状图填充特性正确指示 LICAS1138 液位模拟量值。

图 5.77　填充特性

填充特性的参数设置如图 5.78 所示。

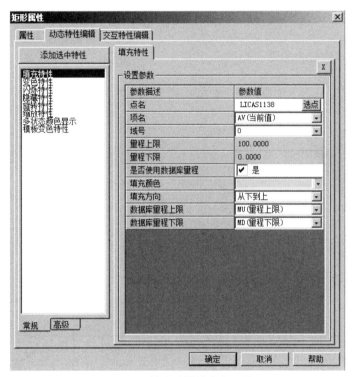

图 5.78　填充特性的参数设置

7. 旋转特性

旋转特性是指当满足执行条件时,图形对象按照条件满足时的状态,以一定的旋转速度或角度进行旋转。该特性通常可对转机设备进行设置,例如泵、电机、风机等在运行状态时旋转,不运行时停止旋转。

【例】根据空分预冷系统案例系统设计画面要求:图形对象如图 5.79 所示,当 WP2 水泵反馈信号为运行时,水泵中间的叶轮旋转反馈信号为停止,则叶轮停止旋转。

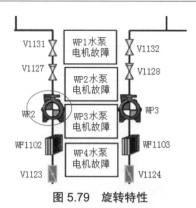

图 5.79　旋转特性

旋转特性的参数设置如图 5.80 所示。

图 5.80　旋转特性的参数设置

8. 移动特性

移动特性是指用标识性的移动图形对象,在量程的上下限范围内按预先设置好的条件进行水平或垂直方向的移动。例如,可以通过箭头垂直移动来显示液位的高低,也可以通过箭头水平移动来显示阀位指令或反馈等。

【例】根据空分预冷系统案例系统设计画面要求:图形对象如图 5.81 所示,请用箭头的移动正确指示 LICAS1138 液位。

图 5.81　移动特性

移动特性的参数设置如图 5.82 所示。

图 5.82　移动特性的参数设置

在设置移动特性时需要注意,由于箭头的移动范围是从水箱的最底部到顶部,与水箱水位的量程成正比,因此在参数设置中,箭头的垂直移动距离需要与水箱图形对象的高度完全一致。默认情况模拟量值从 0% 到 100% 变化的移动方向规定为,垂直方向为从上向下,水平方向由左到右,所以当需要对移动方向取反时需要对移动距离添加负号。

5.5.5　交互图形的设置

交互特性是组态人机交互的操作功能,如弹出设备控制窗口、切换流程图、设置现场设备控制参数、下发操作命令等。因此,交互特性和动态特性刚好相反,是通过写值的方式来实现人机交互的。

工业现场常用到的交互特性有 Tip 特性、打开页面、置位特性、增减值特性、开关反转特性、设定值特性和弹出操作面板等。

1.Tip 特性

Tip 特性主要是在条件触发时，用于显示变量的相关提示说明，可以是该变量的点说明、实时值，或者显示预先设置的提示内容，便于在线查看。例如，当某个图形中的测点较多时，可通过 Tip 特性显示点描述，方便操作人员识别。

【例】根据空分预冷系统案例系统设计画面要求：图形对象如图 5.83 所示，流程图在线运行时，当鼠标移动到 TIA1103 标签上时可以显示 TIA1103 点说明，以帮助了解此点。

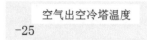

图 5.83　Tip 特性

Tip 特性的参数设置如图 5.84 所示。

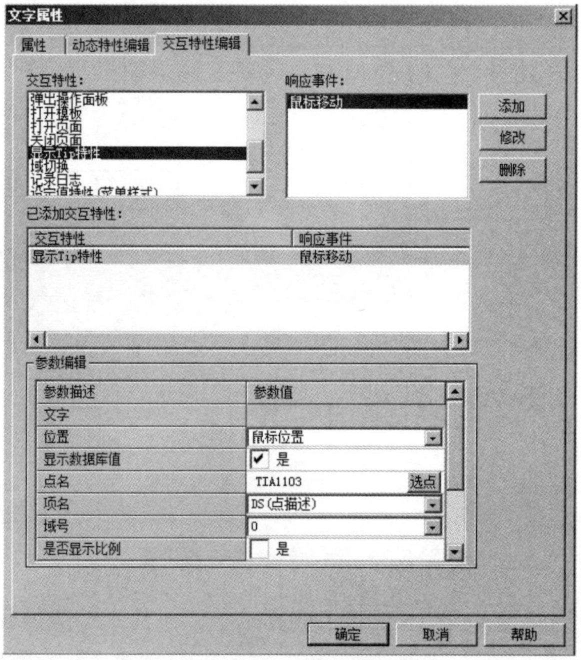

图 5.84　Tip 特性参数设置

在添加特性时需要注意，显示点描述是鼠标移动到图形对象的任一位置就要显示，因此响应事件需要选"鼠标移动"。显示的内容可以是自己定义的文字描述，也可以是数据库中的值，根据项名的选择来确定具体显示哪一项。

2. 打开页面

通过单击按钮或图标，可以在线切换页面，配合动态特性中的本页面对应按钮按下特性，流程图对应页面按钮可以呈现按下状态。

【例】根据空分预冷系统案例系统设计画面要求：在画面下方用多个按钮实现多个流程

图之间的切换操作,当切换到某一页面时对应页面按钮可以呈现高亮状态,图 5.85 所示为按下的空压机按钮。

图 5.85　打开页面

打开页面特性的参数设置如图 5.86 所示。

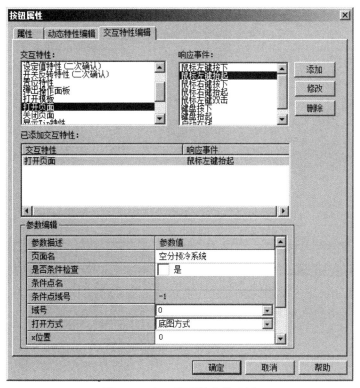

图 5.86　打开页面的参数设置

本页面对应按钮按下状态参数设置窗口如图 5.87 所示。

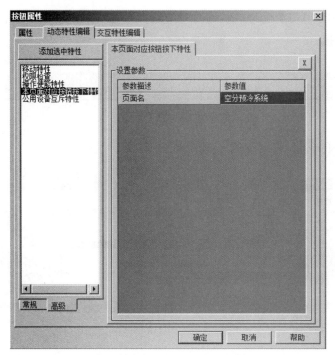

图 5.87　本页面对应按钮按下状态参数设置窗口

3. 置位特性

置位特性是指当事件触发时,事件中的点可以发出脉冲信号,并提供是否二次确认的功能。该特性可用于流量累计的复位、报警信号的确认和复位等脉冲信号的触发。

【例】根据空分预冷系统案例系统设计画面要求:图形对象如图 5.88 所示,单击"清零"按钮实现对出空冷塔空气流量累计值进行手动清零的功能。

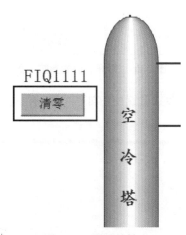

图 5.88　置位特性

由于要触发脉冲信号,因此通常对按钮进行特性的添加。图 5.88 中添加"清零"按钮的图形后,应对该按钮添加置位特性,并且为了防止误操作,响应的事件建议选择"左键抬起"。

置位特性参数设置如图 5.89 所示。

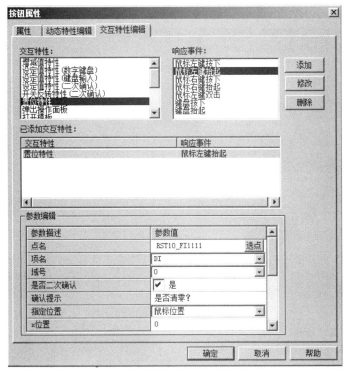

图 5.89　置位特性参数设置

在参数设置时需要注意:如果置位特性对应的变量是复杂全局变量,项名应选择 DI 项;如果置位特性对应的变量是简单型变量,项名应选择 DV 项。

4. 增减值特性

对于模拟量类型的变量,增减值特性用于在线时对定义该特性点的数据库值自动增加或减少预先设置的定义量,增减范围限定在该点的 MU~MD 之间。当该特性被触发时,增加或减少的值是组态中设置好的,在线运行时不可修改。

【例】根据空分预冷系统案例系统设计画面要求:图形对象如图 5.90 所示。实现对 LV1111 如下操作:单击"增加"按钮可增加 5 个阀位,单击"减少"按钮可减少 5 个阀位。

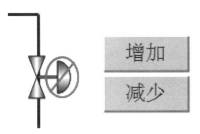

图 5.90　增减值特性

手动添加 2 个按钮的图形,分别对应"增加"和"减少",对 2 个按钮分别添加模拟量增减值特性。由于参数编辑中只有增加值,因此在对"减少"的按钮添加增减值特性时,增加值为 -5。根据案例的要求,减少 5 个阀位的增减值特性参数设置如图 5.91 所示。

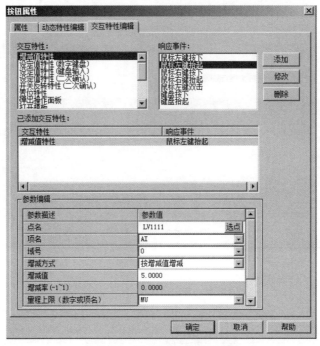

图 5.91　增减值特性参数设置

5. 开关反转特性

开关反转特性实现单击同一图形可发出 1 或 0 信号,能在 2 个信号状态间进行切换,并提供二次确认的功能。

【例】根据空分预冷系统案例系统设计画面要求:图形对象如图 5.92 所示,请对空冷塔排水电磁阀设置联锁投切功能按钮,当按下按钮时发出 TRUE 信号,进行联锁投入,再次按下时发出 FLASE 信号,进行联锁切除。要求每次单击按钮都会弹出二次确认框进行确认,避免误操作。

图 5.92　开关反转特性

开关反转特性参数设置如图 5.93 所示。

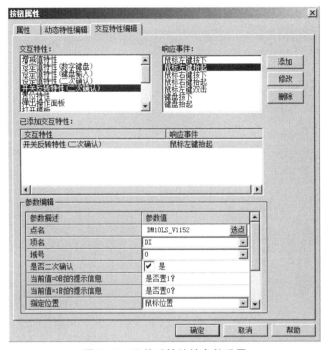

图 5.93 开关反转特性参数设置

在该参数编辑中,如果不需要二次确认,则"是否二次确认"不需要勾选,后面各项参数也不需要设置。

6. 设定值特性(数字键盘)

设定值特性实现的功能是:单击对象可通过数字键盘发出对某一变量对象写值的命令。该特性与模拟量增减值特性的区别在于:设定值特性可以在量程范围内对变量下发任意大小的写值命令,而模拟量增减值特性只能按照预先设定的数值进行固定大小的写值命令。因此,对于执行机构开度指令的调节,或者一些运行参数的调节来说,设定值特性(数字键盘)更为灵活多用。

【例】根据空分预冷系统案例系统设计画面要求:图形对象如图 5.94 所示,制作一个按钮,单击按钮可弹出数字键盘,实现对 LV1111 调节阀开度设定。

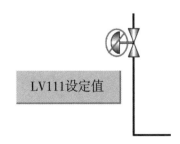

图 5.94 设定值特性(数字键盘)

手动添加按钮,在基本属性里设置按钮文字描述。对该按钮添加设定值特性(数字键盘),设定值特性参数设置如图 5.95 所示。

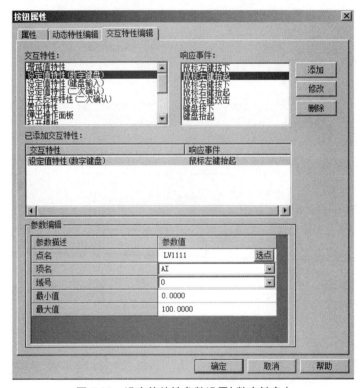

图 5.95　设定值特性参数设置(数字键盘)

7. 弹出操作面板

该特性的作用是可以在线弹出操作面板,例如 PID 调节操作面板、数值信息操作面板、趋势面板等,可以在底图上随意移动弹出的操作面板。

【例】根据空分预冷系统案例系统设计画面要求:图形对象如图 5.96 所示,流程图在线运行时,单击 V1138 调节阀可以在鼠标位置弹出 V1138 对应的 PID 操作面板。

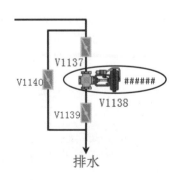

图 5.96　弹出操作面板

手动添加阀门图标,对该按钮添加"弹出操作面板"的交互特性。弹出操作面板特性参数设置如图 5.97 所示。

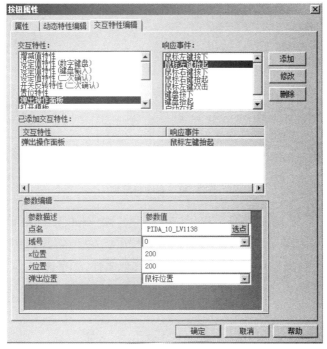

图 5.97　弹出操作面板参数设置

以上参数编辑中点名"PIDA_10_LV1138"对应的是控制组态逻辑中空冷塔液位自动调节 PID 功能块的点名,在线运行时,通过该点名把上位控制面板和下位组态逻辑关联起来。

5.5.6　符号的使用

符号是指具有某种代表意义的标识,本系统的符号分为静态符号和动态符号。静态符号是一些静态设备图形,在图形组态前期给工程师提供图形模板以作参考,离线和在线状态都一样。动态符号是将一种或者多种动态特性、交互特性集合在一起,并将各种特性共有的属性(例如点名、域号等)提取出来,做成通用的一种标识,供同类型的所有变量调用。因此,动态符号也可以理解为动态特性和交互特性的高级应用。

以上所说的静态符号和动态符号都是系统提供的常用符号,均存放在【系统符号库】中。如果系统符号能不满足现场的使用要求,也可以根据实际需要自己添加图形对象,定义符号属性,并将其添加在【工程符号库】中。

系统静态符号存放的位置如图 5.98(a)所示,动态符号存放的位置如图 5.98(b)所示。

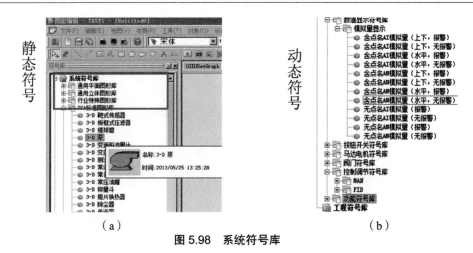

（a）　　　　　　　　　　　　　　　　　　（b）

图 5.98　系统符号库

在调用动态符号时,根据需要选择相应的符号名称,例如图 5.98(b)所示,调用的是合适黑色背景的通用模拟量显示。选中该符号并长按鼠标左键,将其拖曳至图形工作区,双击该符号的图形对象,根据提示选择点名和域号。其他属性,如字体大小、颜色等可以自主设置,也可以默认当前值。

5.6　报表组态

报表组态是利用 Excel 或 OpenOffice 制表工具绘制表格,在表格上添加相应的数据信息(静态说明和动态数据),并可对数据进行统计计算、在线显示,或者实现报表打印的任务。报表的内容分为静态信息和动态信息。其中:静态信息是指表格上的文字描述、边框等;动态信息调取的是历史数据库中的数值,读取后再进行统计计算和处理,例如某点某时刻的值、报表打印时间等。

报表组态主要用于现场中根据需要制作各种日报表、月报表、班报表、批次报表等,便于数据的统计和查看。

报表组态前,需要提前安装 Excel 或 OpenOffice 软件,如果两个都存在,系统会优先使用 Excel,建议安装 Office 2007 或 Office 2010 官方正式版本。

5.6.1　报表组态步骤

报表组态步骤如下。

（1）离线报表组态:创建报表→绘制静态表格→添加动态点→检查编译保存报表。

（2）报表打印组态:设置自动打印时间或触发条件。

（3）编译工程总控。

（4）下装操作员站、报表打印站。

下面结合空分预冷系统案例进行介绍。

【例】空分预冷系统设计要求:制作重要温度测点的日报表,记录 1 点到 6 点每个整点时刻的瞬时值,并设置每天 6∶30 自动打印报表。

5.6.2　离线报表组态

【工程总控】→【其他工具】→【报表组态】,左键双击进行报表编辑。

其中,报表名称只能由字母、数字、汉字、“.”“、”和下划线组成,且第一个字符只能是字母、数字或汉字,长度不能超过 15 个字节。

步骤如下。

(1)定义报表名称为 report01,如图 5.99 所示,选择报表类型为日报表,单击“增加报表”按钮,在弹出的“是否选择报表模板”里选择“否”。

图 5.99　创建报表

(2)在已有报表中选择报表“report01”,单击“打开报表”按钮,即跳转到 Excel 界面。

(3)利用 Excel 工具进行静态信息的完善,完善后如图 5.100 所示。

图 5.100　报表静态信息

(4)利用报表组态浮动窗口中的组态工具完善动态信息,通过报表组态窗口的“DCS 历史点"和"DCS 时间点"分别添加报表中需生成的温度数值、数值对应生成时间和报表打印时间。在操作过程中如关闭报表组态窗口,系统会自动退出报表编辑界面。

①DCS 历史点——为报表添加 DCS 历史点信息,如图 5.101 所示。

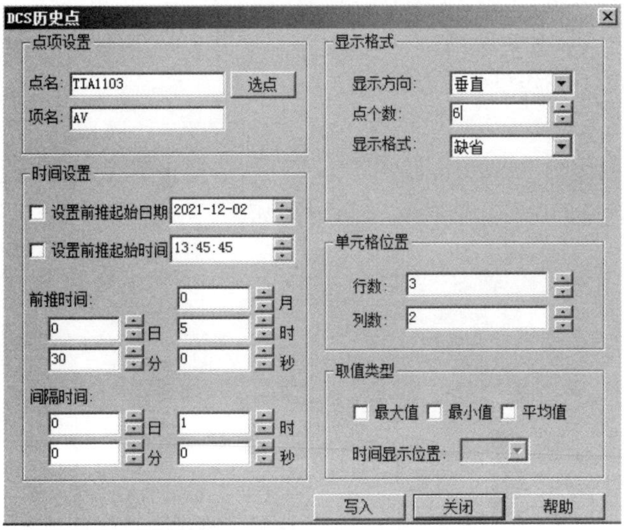

图 5.101　DCS 历史点组态窗口

通过该工具分别添加 4 个温度测点。由于要垂直显示每个温度测点 1 点到 6 点共 6 个时间点的瞬时值,组态时通过设置前推时间,系统会默认以报表打印时间(6:30)为基准往前推,前推时间设置为 5 小时 30 分,即显示温度测点 TIA1103 在 1 点整的瞬时值。同时通过设置间隔时间 1 小时,显示点个数 6 个,后期便会同时显示该测点在 1 点到 6 点的瞬时值。其中,单元格位置须定义该测点在 1 点整显示值所在的行数和列数。取值类型如果都不勾选,系统自动默认为瞬时值。

②DCS 时间点——为报表添加 DCS 时间点信息,如图 5.102 所示。

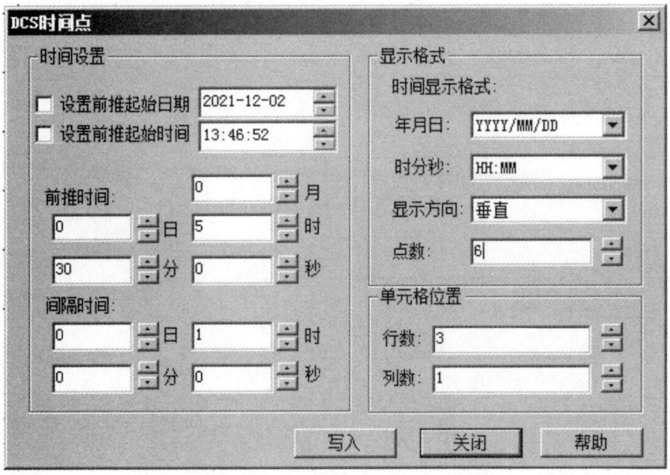

图 5.102　DCS 时间点组态窗口

通过该工具分别添加报表温度显示的时间和报表打印时间。对于温度显示的时间,通过设置前推时间为 5 小时 30 分,系统默认以报表打印时间(6：30)往前推,因此会显示 1 点。通过设置间隔时间 1 小时,点数 6 个,垂直显示,后期会同时垂直显示 1 点到 6 点共 6 个时间点。同样的,单元格位置须定义第一个时间点所在的行数和列数。

对于报表打印时间,同样需要 DCS 时间点来组态,由于后期会在报表打印组态里设置具体几点打印,因此,只需要在时间点窗口设置单元格位置即可。

③ DCS 实时点——为报表添加 DCS 实时点信息,此处不需要。

④组态检查——检查并编译报表,如有错误会进行相应提示。

动态信息完善后的报表如图 5.103 所示。

图 5.103　动态信息完善后的报表

(5)进行报表打印组态。

①【工程总控】→【其他工具】→【报表打印组态】。左键双击"报表打印组态",单击"添加报表打印任务",在弹出的窗口中选择报表名称"report01",单击"下一页"。

②添加任务名称以及执行这个任务的条件,单击"下一页"按钮,如图 5.104 所示。

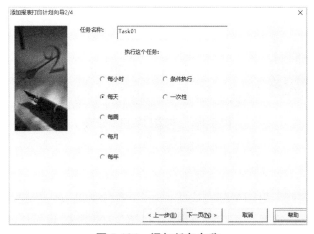

图 5.104　添加任务名称

③设置报表打印起始时间及执行周期,如图 5.105 所示。需要注意,如果当前组态的系统时间(时、分、秒)已经超过了设置的起始时间(06:30:00),则起始日期至少要从下一日开始。

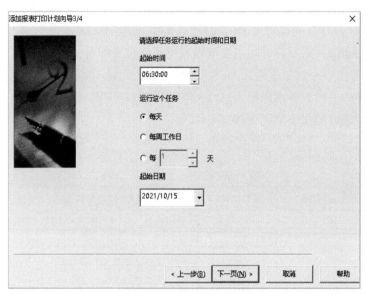

图 5.105　打印时间设置

④添加报表打印执行条件。如无条件执行,则直接单击"下一页"按钮。报表打印组态完成,弹出窗口如图 5.106 所示。

图 5.106　报表打印组态完成

5.6.3　在线报表管理

报表组态和报表打印组态全部完成后,下装至操作员站、历史站和报表打印站,就可以在线查看报表了。可以选择日期在线查看不同时间段的报表,也可以选择输出文档到相应磁盘,进行备份,还可以在线打印报表。

【操作员在线】→【综合功能】→【报表请求打印】,弹出在线报表界面,该界面是在线报表管理的唯一界面,可以选择输出到打印机,通过设置打印时间进行手动打印;也可以选择输出到文件,电子报表会存放在 D:\HOLLIAS_MACS\outfile 路径下,同时也可以在线查看报表,如图 5.107 所示。

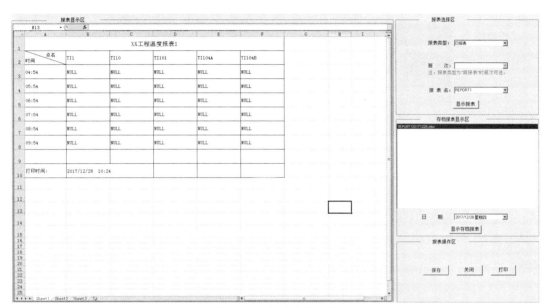

图 5.107　报表在线查看

5.7　系统管理组态

MACS V6 系统提供了对工程的安全、权限、报警及历史趋势等多方面的管理,以满足现场工艺对于这些功能的要求。系统管理共分为四个部分,分别是安全管理、报警管理、历史趋势管理和事件管理。

通过安全管理,为操作画面进行区域的划分,并针对不同级别的用户设置不同的操作权限,实现针对同一个操作画面不同级别的用户登录时可操作的权限也各自不同,同一个测点在不同的操作画面中也可以进行相应的区域设置。通过报警管理可以对系统中所有的测点进行报警分类以及报警级别的设置,便于在线查看。通过历史趋势管理可以实现对所有历史趋势的存档配置,将历史趋势的文件自动存放在相应磁盘中,便于在线或者离线查找。通过事件管理,当条件触发时,可以从上位操作员画面自动向下位组态逻辑下发命令,执行某个动作。

5.7.1　安全管理

安全管理的作用是对系统中所有的操作画面进行区域划分,通过操作站用户组态设置后期登录操作员在线时的用户名、密码、用户级别及所在区域的权限,从而实现对系统各操作画面的分区域管理,便于在线维护。如果用户设置了一些区域,则在测点、图形、操作站用户组态时可以选择相关的区域。例如在机组检修时,可以通过安全管理对各操作画面进行区域划分和权限设置,从而达到系统隔离的目的,可以很好地防止误操作。图 5.108 所示为安全管理任务分配示意图。

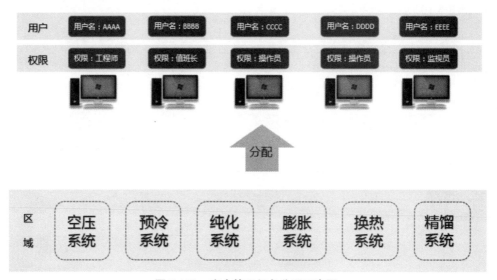

图 5.108 安全管理任务分配示意图

安全管理的组态步骤如下。

1. 区域划分

(1)工程总控界面中,鼠标左键双击"区域设置",弹出"区域设置"编辑窗口。

(2)右键选中"全厂区",单击"增加",在弹出的小窗口中输入区域的名称,例如"空冷区域",并确认。如图 5.109 所示,图 5.109(a)为增加一个空冷区域,图 5.109(b)为增加后的两个区域。

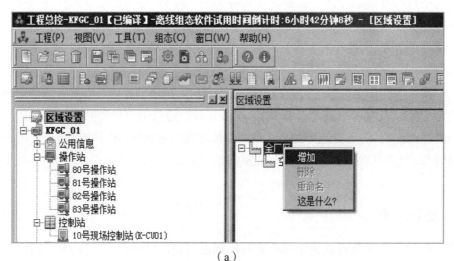

(a)

图 5.109 创建区域

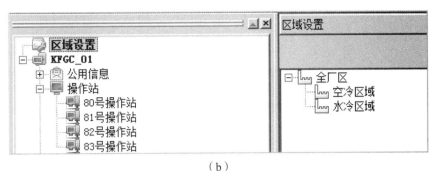

（b）

图 5.109 创建区域（续）

（3）根据工程需要，将系统画面划分成不同的区域。也可以右键选中相应的区域进行删除或者重命名操作，以及单击"增加"对该区域进行下一步子区域的划分。

（4）打开工艺流程图，进入相应的图形编辑窗口，在画面属性里对每一个工艺流程图进行区域的设置。如图 5.110（a）、5.110（b）、5.110（c）所示为按顺序设置区域。

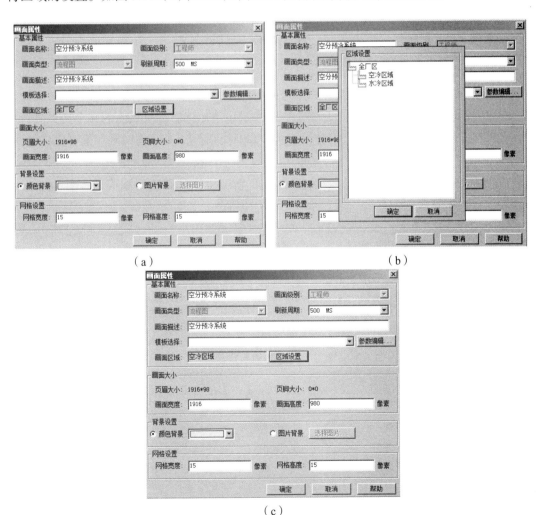

（c）

图 5.110 图形区域划分

（5）如有需要也可以将现场控制站内的变量划分到不同区域进行管理，如图5.111所示。

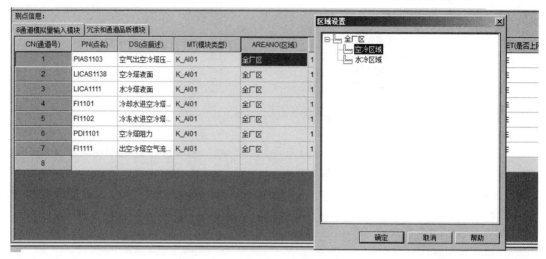

图5.111　现场控制站测点区域划分

2. 操作站用户组态

【工程总控】→【公用信息】→【操作站用户组态】。在操作站用户组态中添加用户名称、用户密码，选择用户级别，并在右侧全厂区通过单击鼠标右键对当前的几个区域进行权限的设置。每个区域的权限可以单独设置为：可操作区域上、只监视区域和不可见区域，根据现场需要进行选择。最后，单击"添加"即完成了一个用户的添加。该用户用于后期登录操作员在线，用户级别和设置的权限不同，后期登录操作员画面后相应的操作也会有所不同。

如果需要对已添加的用户信息进行修改，在"已添加用户"栏里鼠标左键双击相应的用户，直接修改信息即可，最后单击"修改"。

系统可以对一台工控机同时添加多个不同级别的用户，并各自设置相应的权限。

【例】根据空分预冷系统案例系统设计操作组配置要求，配置操作员用户权限，配置要求如表5.10所示。

表5.10　操作组配置要求

	操作员等级	区域权限	操作权限
操作组配置 要求	监视员A	所有区域	只能监视，不可操作
	操作员A	空冷区域	可操作空冷区域，水冷区域不可看
	操作员B	水冷区域	可操作水冷区域，空冷区域可监视不可操作
	工程师A	所有区域	所有区域可操作且可监视

对已增加的四个用户分别进行区域权限设置如下。

（1）监视员 A。

按照图 5.112 所示设置监视员 A 的区域权限,图 5.113 所示为监视员 A 用户设置完成后的信息,对空冷区域和水冷区域只监视,用户级别为监视员权限。

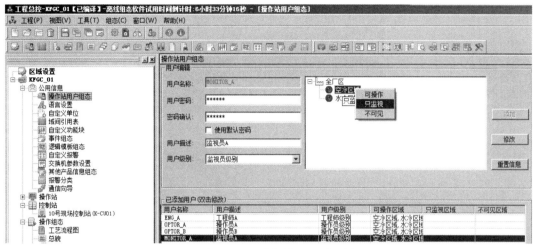

图 5.112　监视员 A 区域设置

图 5.113　监视员 A 用户区域划分组态

（2）操作员 A。

图 5.114 所示为操作员 A 用户设置完成后的信息,对空冷区域可操作、对水冷区域不可见,用户级别为操作员权限。

图 5.114　操作员 A 用户区域划分组态

（3）操作员 B。

图 5.115 所示为操作员 B 用户设置完成后的信息,对空冷区域只监视、对水冷区域可操作,用户级别为操作员权限。

图 5.115　操作员 B 用户区域划分组态

（4）工程师 A。

图 5.116 所示为工程师 A 用户设置完成后的信息,对空冷区域和水冷区域可操作,用户级别为工程师权限。

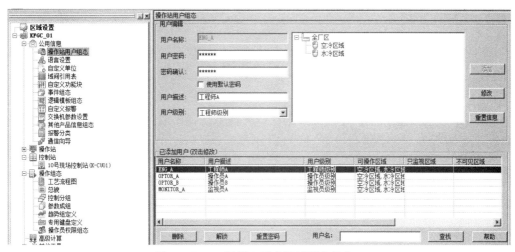

图 5.116　工程师 A 用户区域划分组态

3. 操作员站用户权限组态

操作员站用户除了需要设置登录名、登录密码和登录区域外,还需要设置每种级别的用户能够在线完成什么样的操作,例如操作员级别用户是否可以进行打印报表等。这种对不同级别用户进行操作限制的设置,叫作操作员权限组态。组态工具【工程总控】→【操作组态】→【操作员权限组态】,如图 5.117 所示,勾选项为可操作项,修改后单击修改按钮即可进行更新保存。

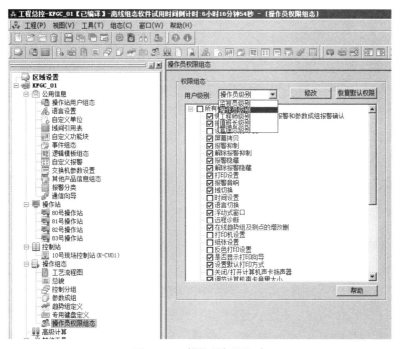

图 5.117　操作员权限组态

5.7.2 趋势管理

趋势管理主要用于对当前历史站所存放的历史数据进行存档配置，并且可以以压缩或者非压缩的方式将历史数据自动存档在本地磁盘、光盘或者移动硬盘等中，存档的文件可以用于在线或者离线查询数据时使用。

【工程总控】→【工具】→【历史数据存档配置】，在弹出的窗口中分别对存档类型、存档配置、目标路径及属性等进行设置，如图 5.118 所示。

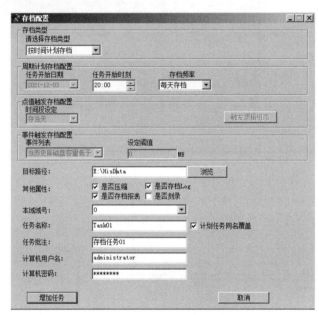

图 5.118 历史数据存档配置

其中存档起始日期和终止日期针对"只存档一次"的类型有效；任务开始日期、任务开始时刻及存档频率针对"按时间计划存档"的类型有效；触发逻辑组态针对"按组态逻辑触发存档"的类型有效；事件列表及设定阈值针对"按指定事件触发"的存档类型有效。此外，还可以根据工控机磁盘的分配情况，通过设置"目标路径"来对历史数据的存储路径进行选择，方便灵活。

5.7.3 报警管理

报警管理系统将报警进行分类，并进行声音配置和发生优先级设置，同时可以对模拟量测点进行报警级别和颜色的设置，实现对报警的在线管理。报警共分为系统报警和工艺报警两种，其中系统报警是来自 DCS 系统本身的报警，例如 DPU 内存、负荷、网络通信、控制回路等方面的报警，可以通过系统状态图、I/O 设备图、报警日志等查看；工艺报警是来自生产工艺方面的报警，例如温度、压力、液位、流量等高低报警，可以通过工艺流程图画面、报警日志等查看。以上两种报警可以通过【工程总控】→【公用信息】→【报警分类】进行管理和设置，如图 5.119 所示。

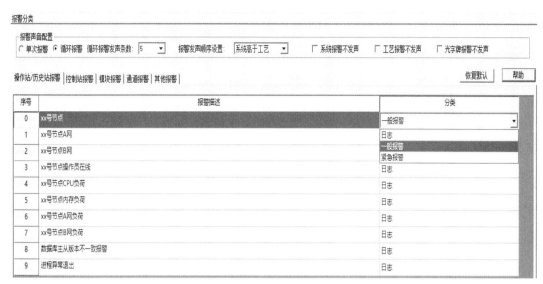

图 5.119 报警分类

针对工艺报警中的模拟量测点,可以通过"自定义报警"的设置分别为不同报警等级设置不同的颜色,便于在线查看,如图 5.120 所示。

图 5.120 报警颜色设置

以上报警级的触发是由 AutoThink 中相应模块通道的"报警级"设置完成的,如图 5.121 所示。此外,还可以根据现场需要对声音报警进行设置,通过选择不同的数值对应不同的声音文件,也可以将"报警抑制"选项设置为 FALSE,从而抑制各个限级的报警。

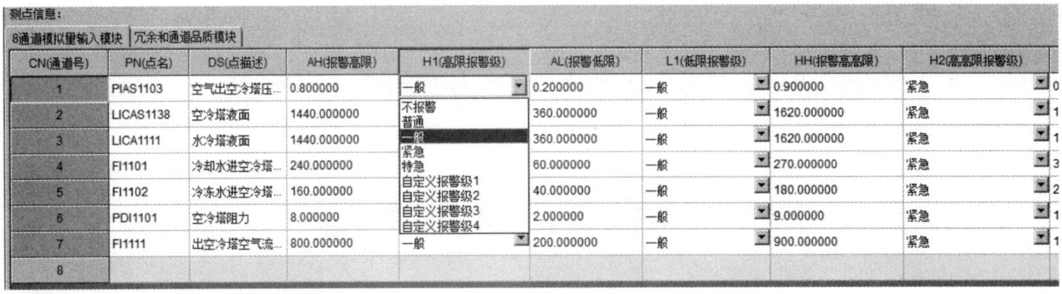

测点信息：

8通道模拟量输入模块 | 冗余和通道品质模块

CN(通道号)	PN(点名)	DS(点描述)	AH(报警高限)	H1(高限报警级)	AL(报警低限)	L1(低限报警级)	HH(报警高高限)	H2(高高限报警级)
1	PIAS1103	空气出空冷塔压…	0.800000	一般	0.200000	一般	0.900000	紧急	0
2	LICAS1138	空冷塔液面	1440.000000	不报警 普通 一般 特急 自定义报警级1 自定义报警级2 自定义报警级3 自定义报警级4	360.000000	一般	1620.000000	紧急	1
3	LICA1111	水冷塔液面	1440.000000		360.000000	一般	1620.000000	紧急	1
4	FI1101	冷却水进空冷塔	240.000000		60.000000	一般	270.000000	紧急	3
5	FI1102	冷冻水进空冷塔	160.000000		40.000000	一般	180.000000	紧急	2
6	PDI1101	空冷塔阻力	8.000000		2.000000	一般	9.000000	紧急	1
7	FI1111	出空冷塔空气流…	800.000000	一般	200.000000	一般	900.000000	紧急	1
8									

图 5.121　报警级设置

5.7.4　事件管理

事件管理主要是通过事件组态的方式，按照指定的时间或者在相应的条件满足之后，从上位操作画面自动下发命令到下位组态逻辑，去执行某个指定的动作，通常执行的动作相当于一个具体的交互特性。例如，可以通过事件管理来实现对流量累积值进行自动清零或复位的功能。下面结合案例来介绍具体的组态过程。

【例】根据空分预冷系统案例设计要求：通过事件组态，实现每天早上 8：30 对空气出空冷塔出口流量累积值自动进行复位的功能。

组态步骤如下。

1. 新建事件

（1）【工程总控】→【公用信息】→【事件组态】，鼠标左键双击"事件组态"，弹出"事件组态"相应窗口。

（2）单击"新建"，弹出"事件属性"窗口。分别添加"事件名称"，完善"时间触发属性"以及"执行动作"。其中事件名称是字母、数字、下划线、"#"的组合，最大有效长度 16 个字符。事件可以通过时间触发，也可以通过条件触发，还可以时间和条件都组态，根据实际需要设置。此处根据案例的要求，选择每天早上 8：30 触发，条件不设置。执行动作即具体的一个交互特性，根据实际需要组态，此处要实现自动复位的功能，需要触发脉冲信号，因此对选择的点添加"置位特性"，如图 5.122 所示。

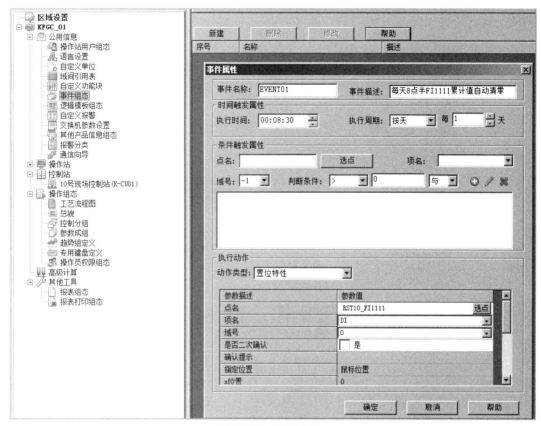

图 5.122　事件组态

2. 激活事件

【工程总控】→【操作站】→【#80 操作站】，勾选事件"EVENT01"，即实现了在 80 号操作站上对该事件的激活，只有激活了事件，后期才会响应该事件。可以用同样的方法对系统结构中其他相关的操作站进行事件激活，如图 5.123 所示。

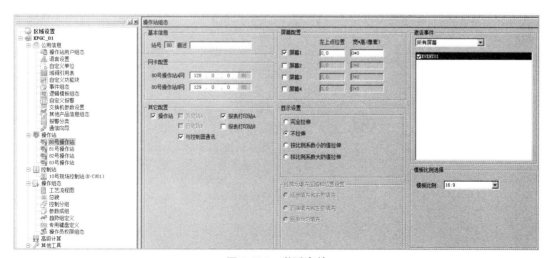

图 5.123　激活事件

5.8　工程下装及调试

5.8.1　工程授权介绍

出于对软件产权的保护,各操作站(ENG、OPS、HIS)软件在线使用时必须要获得对应的授权。打开软件,如果没有获得授权,软件只能进入试用状态,如图5.124所示。

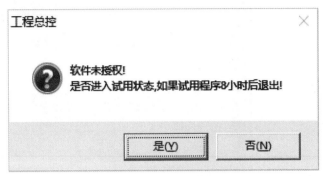

图 5.124　授权提示

在线运行时,一台主机对应一个授权码,根据工控机所装软件版本的不同,行业授权也有所不同。如果更换了主机,则要重新进行软件授权。授权有加密狗和电子授权两种,如果既有电子授权,又有加密狗,则以加密狗优先。运行中,也可以在线查看授权码。授权信息查看方式如图5.125所示。

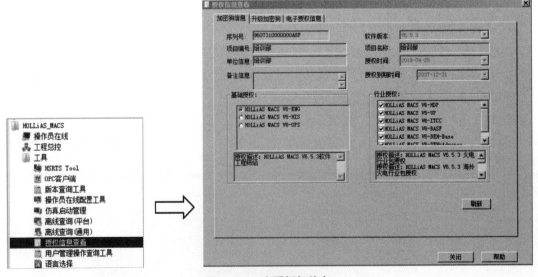

图 5.125　查看授权信息

5.8.2　工程的编译与下装

编译和下装是工程组态完成之后，在线运行之前经常要进行的两项重要操作。其中，编译是将用户组态的数据生成系统在线运行所需要的各种组态文件，检查并提示组态中的语法错误，并对点值的合法性进行检查。编译主要有两种：工程总控的编译和 AutoThink 的编译。

下装的作用是通过系统网络将工程师站所组态的离线文件传输到相应的其他站。如果进行了组态修改，必须进行下装才可以在线运行。同时，修改的内容不同，下装的站点也有所不同。在这里，下装主要有三种：操作员站的下装、历史站的下装和现场控制站的下装，三种下装没有顺序限制。

5.8.2.1　工程总控的编译

1. 工程总控编译的作用

工程总控的编译是一项非常重要的操作，可以实现以下三个功能。

（1）生成控制站算法工程，一个现场控制站对应一个 AutoThink。第一次编译，将根据工程总控中控制站组态的内容，生成以站号为名称的子文件夹，并在该子文件夹下生成工程文件，之后每次编译不再重新生成该文件，只改变工程中的内容。因此，在工程前期，只有编译了才能打开各现场控制站所对应的 AutoThink（再次打开时不需要）。

（2）对数据库点值的合法性进行检查。编译后如果有错误，会以红色字符提示，如果有报警，会以蓝色字符提示，如果没有任何错误或报警，会显示编译完成。鼠标左键双击信息框中的一条错误或报警信息，将打开相应的数据库并选中该条记录，如图 5.126 所示。

图 5.126　编译信息

（3）生成系统状态图和 I/O 设备图。根据组态选项的内容选择是否生成系统状态图和所有 DCS 站的 I/O 设备状态图。图 5.127（a）为"组态选项"所在的下拉菜单，图 5.127（b）为组态选项中对系统状态图的编译设置。

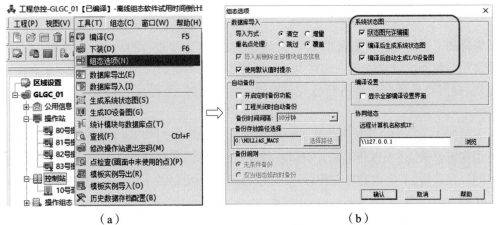

（a）
（b）

图 5.127　编译设置

2. 工程总控的编译步骤

【工程总控】→【工具】→【编译】，弹出"是否编译"的对话框。单击"是"，开始编译。图 5.128（a）为"工程编译"所在的下拉菜单，图 5.128（b）为工程编译的过程及结果。

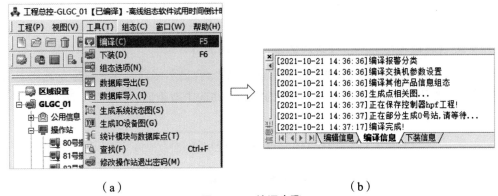

（a）
（b）

图 5.128　编译步骤

3. 什么情况下需要编译工程总控

（1）增加或删除控制站。

（2）增减测点、模块和操作员站。

（3）数据库导入。

（4）修改测点参数（点说明、报警）。

（5）增加自定义功能块。

（6）增加域间引用点。

（7）修改历史站节点号。

（8）修改工程域号。

（9）增、删、改流程图中的点，让相关图功能生效。

（10）增、删、改总貌（非电通用版）。

5.8.2.2 AutoThink 的编译

AutoThink 的编译是一个翻译的过程。该操作是将用户使用编程语言编写的源程序翻译成为可执行的目标程序。编译过程中如果有语法、语句等错误，会在信息窗口显示。AutoThink 自带编译的功能，编译完成后有错误一定要修改，否则不能进行正常下装，有警告要确认是否会影响到工艺逻辑方案。

1. 编译方法及结果显示

单击保存图标对 AutoThink 编辑器内工程信息进行编译和保存，编译信息会显示在 AutoThink 界面下的编译信息栏中，如编译通过则显示"编译完成：0 错误，0 警告"，否则会在信息栏里显示错误信息和警告信息，如图 5.129 所示。

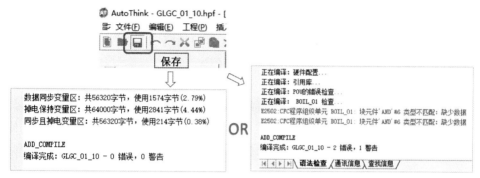

图 5.129 AutoThink 的编译

2. 什么情况下需要编译 AutoThink

（1）增减测点和模块。

（2）数据库导入、修改测点参数。

（3）增加自定义功能块。

（4）修改逻辑。

（5）修改工程域号。

5.8.2.3 控制站的下装

现场控制站的下装是将组态好并编译完成的控制算法文件通过系统网络传输到相应现场控制站内的主控制器中，也就是将离线组态文件从工程师站下发到现场控制站的过程。

控制站的下装共分为两种：全下装和增量下装。其中全下装也叫初始化下装，第一次给控制器下装工程或者本地工程名和控制器工程名不一致时均会进行全下装。其他情况的下装都属于增量下装（仿真方式只能仿真全下装）。在这里需要区分两者的区别：全下装后主控制器的所有变量都会置为初始值，重新开始计算，要谨慎操作。而增量下装只是将修改或者追加的部分下装到主控单元继续运算，对正在运行的主控单元是无扰下装，可适用于修改组态逻辑等情况。

1. 什么情况下，需要下装控制站

（1）增加或删除控制站。

（2）增减测点和模块。

（3）数据库导入。

（4）修改测点参数（点说明、报警）。

（5）增加自定义功能块。

（6）修改逻辑。

（7）修改工程域号。

2. 下装前的注意事项（增量下装）

下装前先确认组态修改内容所对应的设备运行状况，为防止下装过程中出现通信异常等情况，建议必要时停运相应设备或切换至就地运行，防止误动作等事故的发生。

3. 下装步骤（增量下装）

增量下装步骤如图 5.130 所示。

（1）选择要下装的现场控制站，打开对应的 AutoThink 软件。

（2）保存、编译当前控制站对应的 AutoThink，确认无错误和报警。

（3）【AutoThink】→【在线】，鼠标左键选择"下装"。

（4）软件开始回读在线值和离线值不一致的变量（自动进行）。

（5）通过"参数对齐"窗口，筛选出所有在线值和离线值不一致的变量。如果勾选"离线值"，后期就会将工程师站离线修改的变量值下装到控制器；如果勾选了在线值，则离线修改的值不生效，该步根据实际情况进行勾选。

（6）生成并校验 SDB 文件（自动进行）。

（7）确认下装，如选择"是"，继续下装；如选择"否"，退出下装。

（8）通过人机交互界面显示文件下装的进度；当"确定"由屏蔽状态变为可操作时，选择"确定"。

（9）【AutoThink】→【在线】，鼠标左键选择"在线"，可在线查看运行状态。

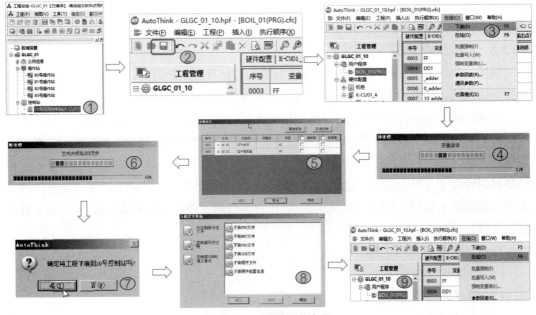

图 5.130　增量下装步骤

5.8.2.4　操作员站的下装

操作员站的下装是将工程师站离线修改的图形页面和其他离线组态文件通过网络下发到相应操作员站的过程。

1. 什么情况下，需要下装操作员站

（1）增减系统节点硬件。

（2）修改数据库的内容。

（3）修改公用信息。

（4）修改操作组态。

2. 操作员站下装前的注意事项

（1）下装前需确认系统网络正常，且与操作站的 IP 地址保持一致。

（2）下装前须确保节点守护运行正常，否则会下装失败。

3. 操作员站的下装步骤

操作员站下装步骤如图 5.131 所示。

（1）【工程总控】→【工具】→【编译】，对工程进行编译，确认无错误。

（2）【工程总控】→【工具】→【下装】，打开"工程师站下装"窗口。

（3）在操作站列表中勾选要下装的操作员站，选择要下装的工程名称，并选择要下装的文件，单击"下装"按钮。

图 5.131　操作员站下装步骤

5.8.2.5　历史站的下装

历史站的下装是将工程师站组态好的各种服务所需要的离线组态文件通过网络下发到历史站的过程。此外，历史站下装之后，需要对其进行数据生效，重启历史站的服务进程。

1. 什么情况下，需要下装历史站

（1）增减系统节点硬件。

（2）对数据库进行修改。

（3）修改操作站在线用户信息。

（4）增加自定义功能块。

（5）增加域间引用点。

（6）增加或修改报表打印站。

（7）修改历史站节点号。

（8）修改工程域号。

（9）修改校时方式。

2. 下装历史站的注意事项

（1）只有在"操作站设置"中对该操作站部署了历史站角色，在后期的操作员列表中才会弹出"历史站"可选项。

（2）由于历史站存在主从冗余，运行中可以同时对主从历史站进行下装，但数据生效时建议先对从历史站进行数据生效，待生效成功后，进行主从历史站的状态切换，然后再对另一个从历史站进行生效。

（3）要先下装历史站，再进行数据生效，顺序不可颠倒。

3. 历史站的下装及数据生效的步骤

历史站下装步骤如图 5.132 所示。

（1）【工程总控】→【工具】→【下装】，打开"工程师站下装"窗口。

（2）在操作站列表中勾选要下装的历史站，单击"下装"。

（3）下装完成后单击"数据生效"（先生效从历史站，再进行切换，生效另一个从历史站）。

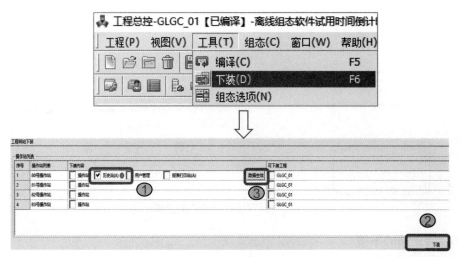

图 5.132　历史站下装及数据生效

5.8.3 仿真软件的使用

仿真软件是系统自带的,用于在组态完成后对组态内容进行模拟下装和调试运行的一种软件,可以通过启动虚拟 DPU 来仿真控制器运算、仿真历史站和操作员在线。在不具备真实的下装条件,或者没有真实的现场控制站的环境下,可以通过仿真软件来提供便捷的调试环境,对控制方案、画面显示效果等进行验证,便于检查组态的正确性、完整性,为现场调试提供有力支持。同时,仿真软件也是促进组态学习的一种很好的辅助工具。

1.通过仿真软件仿真控制站的步骤

仿真控制站步骤如图 5.133 所示。

(1)【开始】→【HOLLiAS_MACS】→【仿真启动管理】,鼠标左键单击"仿真启动管理",即打开仿真管理器窗口,与此同时在桌面右下方也会增加快捷小窗口。

(2)在弹出的"仿真启动管理"窗口中选择控制器域号及相应的控制器站号,单击"启动",即启动了对应的虚拟 DPU。

(3)【AutoThink】→【在线】→【仿真模式】,确认进入仿真模式。

(4)【AutoThink】→【在线】→【下装】,工程将链接 VDPU,自动进行编译,编译完成后,单击"是"将组态文件下装至 VDPU。

(5)【AutoThink】→【在线】→【在线】,可通过仿真方式在线进行组态逻辑的调试和查看。

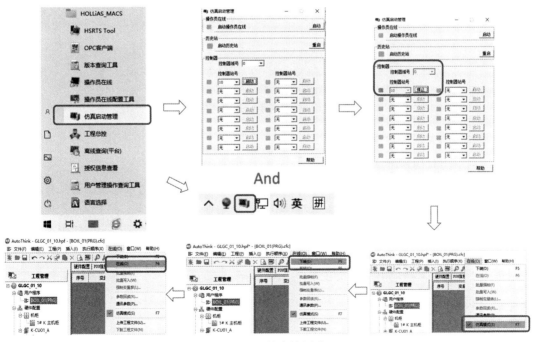

图 5.133　仿真控制站

2.通过仿真软件仿真历史站和操作员在线的步骤

仿真历史站和操作员在线步骤如图 5.134 所示。

（1）按照上面的步骤启动 VDPU，并下装组态文件到 VDPU，确保 VDPU 能正常运行。如果要仿真多个 VDPU，需要启动多个控制器（该步骤是模拟真实的现场控制站，为后期操作员画面提供在线数据）。

（2）对编译好的工程进行操作员站和历史站的下装（可参考 5.8.2.4 和 5.8.2.5）；

（3）下装完成后对历史站进行数据生效（可参考 5.8.2.5），数据生效后会自动启动历史站服务进程，相应的"仿真启动管理"软件中"启动历史站"前面的小方框会被绿色填充。

（4）在"仿真启动管理"软件中单击"启动"按钮，启动操作员在线。

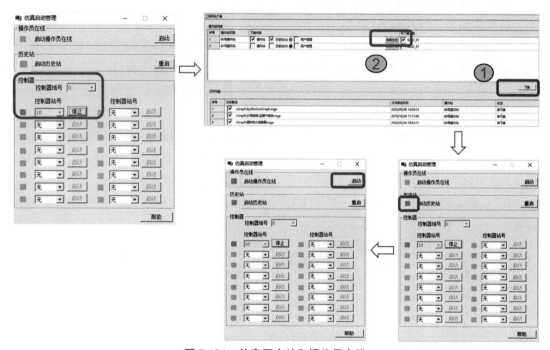

图 5.134　仿真历史站和操作员在线

3. 仿真软件的使用注意事项

（1）启动仿真前须确认节点守护运行正常。

（2）仿真前须确认工控机有至少一个物理网卡，如果没有，须安装和操作系统对应的虚拟网卡，并按照操作站的 IP 地址要求设置相应的 IP 地址。

（3）为了方便后期调试，在工程总控编译下装前，须确认"操作站用户组态"里至少有一个工程师级别的用户和密码，该用户用于后期仿真登录和退出操作员在线，如果是操作员及以下用户，则后期无法退出操作员在线。

5.8.4　软件的运行与调试

5.8.4.1　现场控制站的在线操作与调试

现场控制站的在线操作主要有写入、强制和释放及待调试和取消调试等，这里需要清楚各种操作的区别及注意事项。

1. 写入

该命令是用输入值直接替换当前值,即刻生效。写入操作只是针对当前扫描周期写入一个值覆盖当前参数运算值,可以是人为写入,也可以是其他程序或功能块对其写入。写入的值会因为程序的执行而改变,并且"写入"命令只能在线操作,对离线值无效。

如图 5.135 所示通过 PID 点详细面板为 PID 积分参数写值,"写入"步骤如下。

(1)在线状态,打开需要"写入"的变量的点详细面板。

(2)在"参数项"里打开"调试变量"对话框。

(3)在"输入变量值"里直接输入期望值,单击"写入"按钮,直接生效。

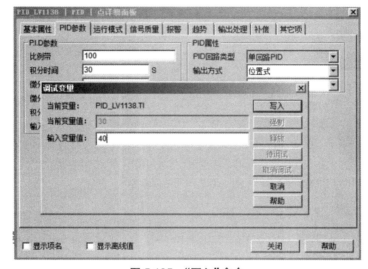

图 5.135　"写入"命令

2. 强制和释放

"强制"命令为用户程序中的变量指定固定的值。这个红色"固定值"称为强制值。强制的变量可以通过【AutoThink】→【在线】→【强制变量表】进行查看,一旦变量被"强制",只有用"释放"功能才能解除。因此,"释放"是相对"强制"而言的。

这里需要注意,"强制"和"释放"都需要在线操作。强制数值时,可能会对相关逻辑产生影响,建议对于模拟量逐步改变变量值后再释放,对于开关量释放前确认设备运行状态,防止发生误动作。

图 5.136 所示为"空冷塔液面 LICAS11328"变量强制值,"强制"步骤如下。

(1)在程序中,双击要强制的变量,弹出"调试变量"对话框。

(2)在"输入变量值"里输入强制值,单击"强制"按钮,被强制量数值改变并变红。

(3)可在【AutoThink】→【在线】→【强制变量表】中查看被强制值。

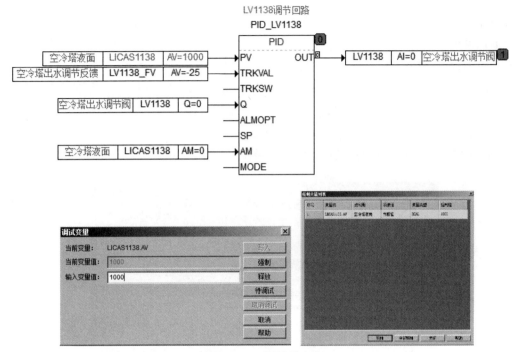

图 5.136 "强制"命令

3. 待调试和取消调试

"待调试"命令使期望的运算值处于未被激活状态,等待被强制或写入操作将其激活,可以实现一次性对多个变量进行强制或写入的在线操作,即批量强制或者批量写入。"取消调试"命令是相对"待调试"而言的,选中待调试的变量单击"取消调试"时,即消除了变量的待调试状态。

图 5.137 所示为变量待调试状态,前面的值 FALSE 为该变量的当前值,后面的值 TRUE 为期望值,通过在线菜单下的批量强制或批量写入命令执行批量操作。具体步骤如下。

（1）在程序中,双击待调试的变量,弹出"调试变量"对话框,输入期望值,单击"待调试",期望值处于未被激活状态。

（2）用同样的方法对其他待调试的变量输入期望值。

（3）【AutoThink 】→【 在线 】→【 批量强制 】【 批量写入 】,对所有待强制或待写入的变量进行批量操作。

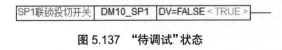

图 5.137 "待调试"状态

图 5.138（ a ）所示为写入变量值后进入待调试状态,图 5.138（ b ）所示为对所有待调试的变量进行批量强制或者批量写入。

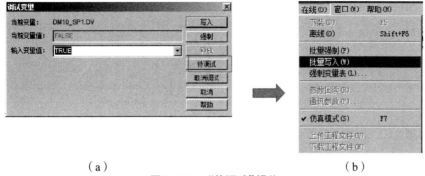

（a）　　　　　　　　　　　（b）

图 5.138　"待调试"操作

5.8.4.2　操作员在线操作与调试

操作员在线软件是访问操作员画面并进行在线监视和控制的软件,运行该软件前需要先进行操作员在线配置,设置默认初始域和默认初始页,之后再进行登录,方可正常使用。

具体步骤如下。

（1）【开始】→【HOLLiAS_MACS】→【操作员在线配置工具】,设置操作员在线软件启动后默认读取的工程域号、默认初始页面、是否开机自运行以及路由地址,如图 5.139 所示。

图 5.139　操作员在线配置

（2）【开始】→【HOLLiAS_MACS】→【操作员在线】,启动操作员在线软件。

（3）操作员站用户登录,进行相应权限的确认,如图 5.140 所示。

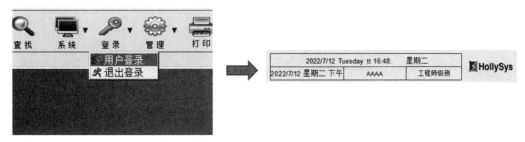

图 5.140　操作员在线登录

（4）如图5.141所示,通过流程图界面可监视工艺运行状态,也可以用鼠标右键单击变量对象,选择"点详细"调出操作面板或单击按钮等方式对参数给值,对控制回路进行调试。

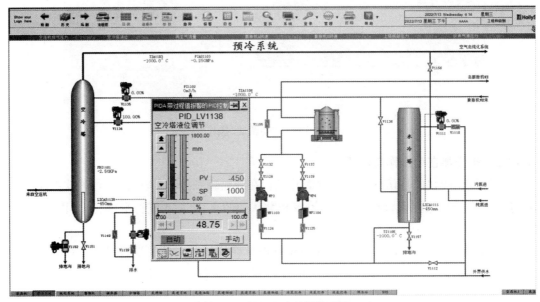

图5.141　操作员在线监控画面

第 6 章　和利时 DCS 典型应用

6.1　和利时 DCS 在化工行业的典型应用

6.1.1　案例背景介绍——净水厂沉淀及加药系统

本案例取自某净水工程,如图 6.1 所示,其净水方法为化学法净水。净水过程分为布水、加药、反应沉淀、过滤、排泥、集水等。经过净水处理,进入清水池的原水符合饮用水源标准,可用于反洗水和生产水,其出水经过加氯消毒后可达到生活饮用水标准。

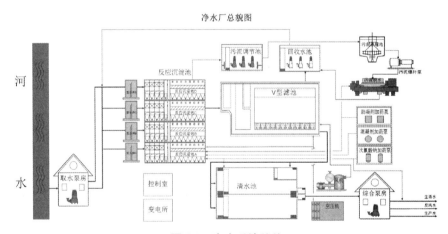

图 6.1　净水系统总貌

6.1.2　应用场景(一)——混凝剂计量泵联锁控制

图 6.2 为 #1 混凝剂加药流程图。混凝剂与清水在 #1 混凝剂溶液箱中混合,并通过 #1 混凝剂计量泵送至反应沉淀池系统中的 #1 混合配水井,与原水进行混合反应。

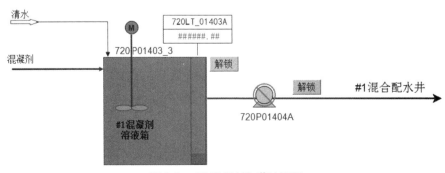

图 6.2　#1 混凝剂加药流程图

一、控制要求

(1)混凝剂计量泵能够手动/自动切换控制。

(2)#1 混凝剂计量泵允许启动条件:#1 混凝剂溶液箱液位大于 500 mm 允许启泵。

(3)自定义"#1 混凝剂计量泵与进水门联动投切"中间变量,当联锁投入时,计量泵进入自动工作状态,并受自动条件控制其启停。

(4)自动启停控制条件:#1 反应沉淀池进水门开度反馈大于 2%,启泵;开度反馈小于 2%,停泵。

(5)#1 混凝剂计量泵联锁保护条件:自定义"#1 混凝剂溶液箱液位联锁保护投切"中间度量,当联锁投入并且 #1 混凝剂溶液箱液位低于 500 mm 时进入联锁保护状态,停计量泵。

二、方案实施

1. 调用功能块

在 MACS V6.5 软件中,对马达类设备联锁保护监控可选用"库管理器—控制运算—马达控制"中的"MOT2"二位式马达控制功能块。二位式马达功能块是使用两个脉冲型开关量输出信号来控制电机的运行状态。

该 MOT2 功能块具有如下特点:

(1)具有手动和自动控制两种工作方式;

(2)具有联锁保护功能;

(3)带有反馈状态监视功能;

(4)带有故障状态监视功能;

(5)具有超时保护功能;

(6)具有电机故障、启停超时、反馈故障、自动指令故障、联锁保护报警功能;

(7)具有故障切手动功能;

(8)远程/就地模式。

调用 MOT2 功能块后,为功能块定义名称,如图 6.3 所示。

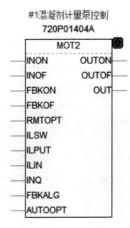

图 6.3　MOT2 功能块

2. MOT2 状态反馈与控制输出组态

电机类设备的启停状态反馈信号、电机故障信号、远程信号可送至 MOT2 功能块相应引脚，通过功能块对电机状态进行监视、联锁和报警。

如图 6.4 所示，"#1 混凝剂计量泵运行状态反馈信号 720YL_P01404 A"连接至 MOT2 功能块的 FBKON、FBKOF 引脚，并对 FBKOF 取反。当 720YL_P01404 A 信号为 TRUE 时，FBKON 引脚值为 TURE；当 FBKOF 引脚值为 FALSE 时，表示泵已启动。同理，当 720YL_P01404 A 信号为 FALSE 时，表示泵已停止。

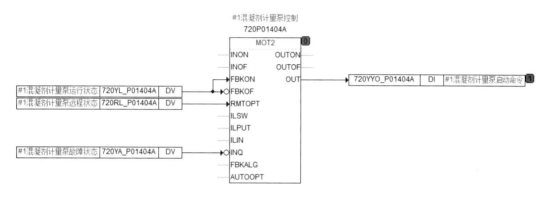

图 6.4　MOT2 状态反馈与控制输出程序

本案例中，由于"#1 混凝剂计量泵故障状态信号 720YA_P01404 A"为 TRUE 时表示故障，与 INQ 引脚对电机故障状态的信号定义相反，所以对 INQ 引脚取反，保证两个信号定义一致。

MOT2 功能块的 OUT 引脚输出开关控制指令至"#1 混凝剂计量泵启动命令 720YYO_P01404 A"，当信号为 TRUE 时泵启动；当信号为 FALSE 时泵停止。

3. 混凝剂计量泵允许启动条件组态

图 6.5 所示为 #1 混凝剂计量泵允许启动条件组态程序。"#1 混凝剂溶液箱液位大于 500 mm"条件引至 MOT2 功能块 ONEN（允许启动）引脚。当条件成立时，ONEN 引脚项值为 TRUE，允许启动 #1 混凝剂计量泵。

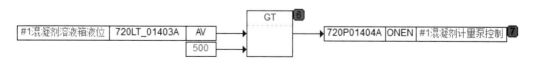

图 6.5　混凝剂计量泵允许启动条件组态

4. 混凝剂泵自动启停控制条件组态

自定义"#1 混凝剂计量泵与进水门联动投切"信号为 DM 类型变量 720P01404 A_SEL，此变量连接至 MOT2 功能块 AUTOOPT（工作方式选择）引脚，如图 6.6 所示。当 720P01404 A_SEL 联锁信号为 TRUE 时，MOT2 功能块进入自动工作状态，INON（自动启动命令）引脚与 INOF（自动停止命令）引脚有效。

| 1#混凝剂计量泵与进水门联动投切 | 720P01404A_SEL | DV | → | 720P01404A | AUTOOPT | #1混凝剂计量泵控制 | ⑰ |

图 6.6　混凝剂计量泵切自动工作条件组态

图 6.7 所示为 #1 混凝剂计量泵自动启停控制条件。联锁信号 720P01404 A_SEL 分别和两个启停条件为"与"的关系，即 720P01404 A_SEL 为 TURE 状态下，"#1 反应沉淀池进水门开度反馈大于 2%"条件成立，则 INON 引脚值为 TRUE，启动 #1 混凝剂计量泵；"#1 反应沉淀池进水门开度反馈小于 2%"条件成立，则 INOF 引脚值为 TRUE，停止 #1 混凝剂计量泵。

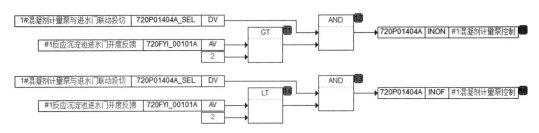

图 6.7　混凝剂计量泵自动启停控制条件组态

5. 混凝剂计量泵联锁保护组态

本案例中，"联锁保护"是一种紧急状态下的联锁动作，优先级最高。一旦进入联锁保护状态，其他命令失效，并通过 OUT 引脚输出预设安全值至现场设备。预设安全值通过 MOT2 功能块 ILIN 引脚设置。ILIN 引脚值为 TRUE 时开泵，为 FALSE 时关泵。在本案例中，进入联锁保护状态后关泵，组态程序如图 6.8 所示。

图 6.8　设定安全值

自定义"#1 混凝剂溶液箱液位联锁保护投切"信号为 DM 类型变量 720LT01403 A_SEL，此变量连接至 MOT2 功能块 ILPUT（联锁投切开关）引脚，如图 6.9 所示。"#1 混凝剂溶液箱液位 720LT_01 403 A 低于 500 mm"条件引至 MOT2 功能块 ILSW（联锁逻辑输入）引脚，如图 6.10 所示。当以上两个条件同时成立，即 720LT01403 A_SEL 联锁投入为 TRUE 并且 720LT_01 403 A 液位低于 500 mm 时，MOT2 功能块进入紧急联锁保护状态，并输出关 #1 混凝剂计量泵指令。

| 混凝剂溶液箱液位联锁保护投切 | 720LT01403A_SEL | DV | → | 720P01404A | ILPUT | #1混凝剂计量泵控制 | ⑮ |

图 6.9　联锁投切开关条件组态

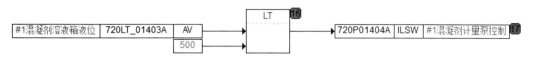

图 6.10　联锁逻辑输入条件组态

6. 监控画面组态

（1）图形符号 ⬤ 用于显示 #1 混凝剂计量泵状态。当图形运行时，单击图符对象可弹出 MOT2 操作面板。组态方法：调用系统符号库中的"MOT2-2"图符，选择路径如图 6.11 所示。鼠标左键双击所选图符对象，打开属性面板，设置属性参数，如图 6.12 所示，单击"确定"按钮完成组态。

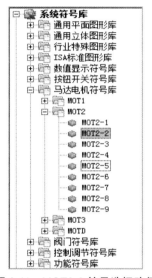

图 6.11　MOT2-2 符号选择路径

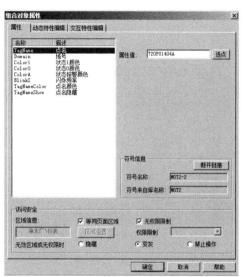

图 6.12　MOT2 属性参数面板

（2）两个图形符号 解锁 分别为"#1 混凝剂溶液箱液位联锁保护投切"按钮和"#1 混凝剂计量泵与进水门联动投切"按钮。单击按钮投入联锁，联锁值为 TRUE，按钮呈现按下状态，文字切换为"联锁"。组态方法：调用系统符号库中"联锁按钮"图符，选择路径如图 6.13 所示。鼠标左键双击图符对象，打开属性面板，设置属性参数，两个按钮的参数设置如图 6.14 所示，单击"确定"按钮完成组态。

7. 在线监控画面

完成工程组态，保存、编译和下装工程，进入操作员在线监控界面。图 6.15 为"#1 混凝剂计量泵联锁控制"回路在线监控画面。

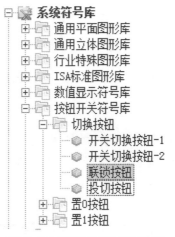

图 6.13 "联锁按钮"选择路径

（a） （b）

图 6.14 "联锁按钮"属性面板设置

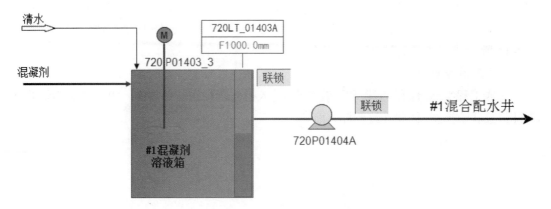

图 6.15 "#1 混凝剂计量泵联锁控制"回路在线监控画面

单击计量泵图符对象,弹出 MOT2 在线操作面板,如图 6.16 所示。MOT2 在线操作面板可完成对混凝剂计量泵的状态显示、参数设置、工作状态切换和输出控制指令等功能,并可单击"控制逻辑图"按钮调出相应的控制程序显示在操作员画面上,便于调试人员在线查看程序状态等,如图 6.17 所示。

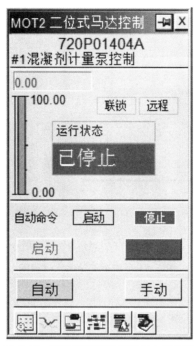

图 6.16　"#1 混凝剂计量泵"在线操作画面

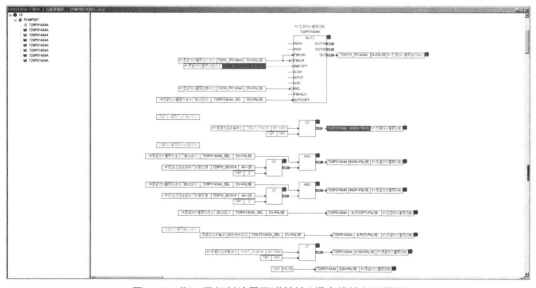

图 6.17　"#1 混凝剂计量泵联锁控制"在线控制逻辑图

6.1.3 应用场景（二）——反应沉淀池进水控制

图 6.18 所示为 #1 反应沉淀池进水流程图。在 #1 反应沉淀池系统中，沉淀后的原水进入混合配水井，与来自加药系统的次氯酸钠和混凝剂充分搅拌。当混合配水井到达一定容量后，加药原水被均匀分配至反应沉淀池。

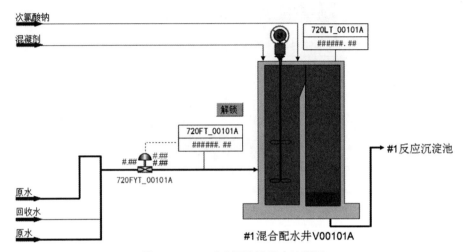

图 6.18 #1 反应沉淀池进水流程图

一、控制要求

（1）自动调节 #1 反应沉淀池进水流量。

（2）自定义 #1 混合配水井液位联锁开关，当联锁投入后，#1 反应沉淀池进水调门进入联锁保护状态。在联锁保护状态下，配水井液位高于 7 300 mm 时关闭 #1 反应沉淀池进水调门。

（3）当 #1 反应沉淀池进水流量信号质量差时，#1 反应沉淀池进水调门进入手动控制状态，并报警。

二、方案实施

1. 调用功能块

在 MACS V6.5 软件中，调节控制算法可选用"库管理器—控制运算—常规控制"中的"PIDA"带过程值报警的 PID 控制功能块。它提供最通用的比例—积分—微分控制功能，是在设定值与过程值的偏差基础上执行比例—积分—微分运算算法的控制功能块。

该 PIDA 模块具有如下特点：

（1）具有手动和自动控制两种工作方式；

（2）具有跟踪功能；

（3）具有前馈输入功能；

（4）具有输出补偿功能；

（5）具有偏差报警功能（可以自动切换到手动）；

（6）具有输出变化率限制功能；

（7）具有输出幅值限制功能；

（8）具有对输入变量质量的状态监视功能（可以自动切换到手动）；

（9）PIDA 的正反作用设置；

（10）P、I、D 的参数设置；

（11）具有对输入值的报警检测功能。

调用功能块后，为功能块定义名称，如图 6.19 所示。

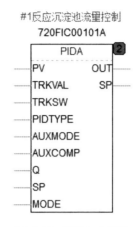

图 6.19　PIDA 功能块

2. 自动调节反应池进水流量组态

#1 反应沉淀池进水流量为被调量，作为 PIDA 功能块过程值与 SP 设定值进行差值比较，产生偏差值。PIDA 功能块对偏差值做 P、I、D 运算，并通过 OUT 引脚输出控制信号至"#1 反应沉淀进水门开度调节"I/O 点，通过此 I/O 输出信号控制现场 #1 反应池进水调门，从而达到自动调节流量的目的，如图 6.20 所示。

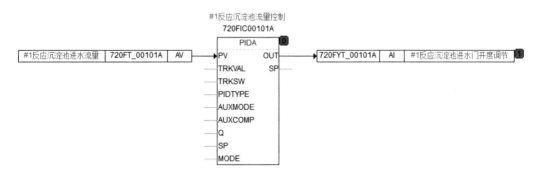

图 6.20　调节反应池进水流量组态

3. 配水井联锁控制组态

如图 6.21 所示，自定义"#1 混合配水井液位联锁开关"为 DM 类型变量，当此联锁信号为 TURE 状态并且"配水井液位高于 7 300 mm"条件成立时，TRKSW 引脚值为 TRUE，

PIDA 功能块进入跟踪状态。预设跟踪量点值"0"通过 TRKAL引脚送至 OUT 输出端,关闭 #1 反应沉淀池调门。

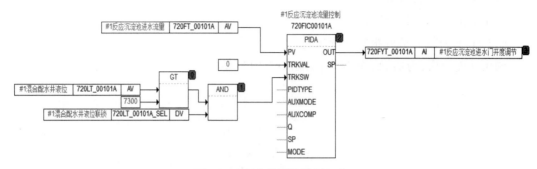

图 6.21　配水井联锁控制组态

4. 进水流量信号质量差联锁组态

如图 6.22 所示,引用"#1 反应沉淀池进水流量 720FT_00 101 A"变量的信号质量判定项"Q"至 PIDA 功能块的信号质量引脚项"Q",使 PIDA 功能块获得进水流量的质量状态。设置 PIDA 功能块点详细面板中"质量坏切手动"选项为 TRUE,当 #1 反应沉淀池进水流量信号质量差时,PIDA 功能块切为手动控制状态,如图 6.23 所示。

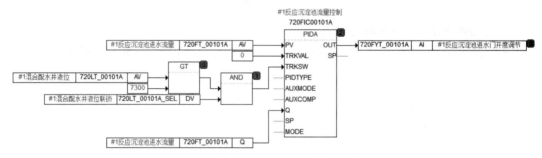

图 6.22　调节反应池进水流量质量差联锁组态

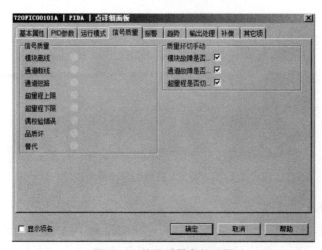

图 6.23　信号质量参数设置

在案例工程中,PIDA 功能块点详细面板其他参数设置如图 6.24 所示。

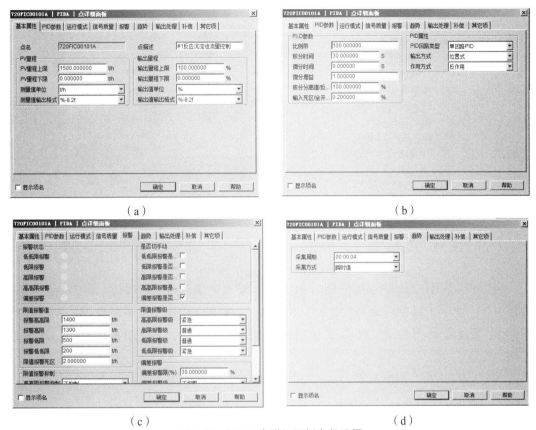

（a）　　　　　　　　　　　　　　　（b）

（c）　　　　　　　　　　　　　　　（d）

图 6.24　PIDA 点详细面板参数设置

5. 监控画面组态

（1）图形符号 用于显示 #1 反应池进水调门状态,当图形运行时,单击图符对象可弹出 PIDA 操作面板。组态方法:调用系统符号库中的"PID-2"图符,选择路径如图 6.25 所示。鼠标左键双击所选图符对象,打开属性面板,设置属性参数,如图 6.26 所示,单击"确定"按钮完成组态。

图 6.25 图形符号"PID-2"存储路径

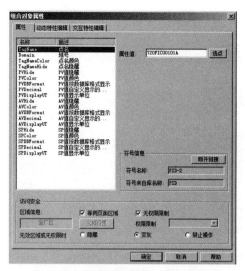

图 6.26 图形符号"PID-2"属性面板

（2）图形符号 `720FT_00101A` `#####.##` 用于显示 #1 反应沉淀池进水流量实时数值。组态方法：用工具栏中"A"文字工具分别绘制"720FT_00 101 A""#####.##"两个文字对象，对"#####.##"图形对象设置动态特性"模拟量值特性"，如图 6.27 所示。绘制两个矩形，并按照

`720FT_00101A` `#####.##` 结构组合图形对象。

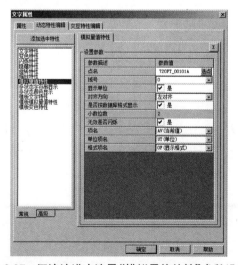

图 6.27 沉淀池进水流量"模拟量值特性"参数设置

（3）图形符号 `解锁` 为"#1 混合配水井液位联锁"按钮，单击按钮投入联锁，联锁值为 1，按钮呈现按下状态，文字切换为"联锁"。组态方法：调用系统符号库中"联锁按钮"图符，选择路径如图 6.13 所示。鼠标左键双击图符对象，打开属性面板，设置属性参数，如图 6.28 所示，单击"确定"按钮完成组态。

图 6.28 "配水井液位联锁按钮"属性面板

6. 在线监控

保存、编译和下装工程,进入操作员在线界面,图 6.29 为"#1 反应沉淀池进水控制"回路在线监控画面。

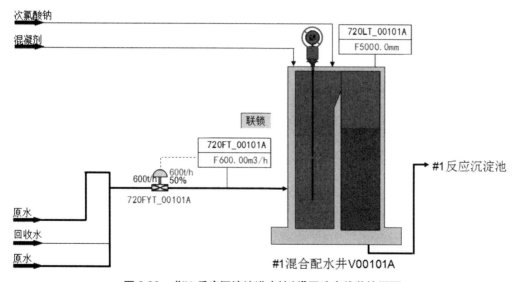

图 6.29 "#1 反应沉淀池进水控制"回路在线监控画面

单击进水调门图符弹出 PIDA 在线操作面板,如图 6.30 所示。PIDA 在线操作面板可完成对 PID 回路的状态显示、参数设置和工作状态切换等功能,并可通过单击"控制逻辑图"按钮调出相应的控制程序,并显示在操作员画面上,便于调试人员在线查看程序状态等,如图 6.31 所示。

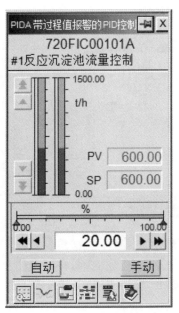

图 6.30   #1 反应沉淀池进水门在线操作面板

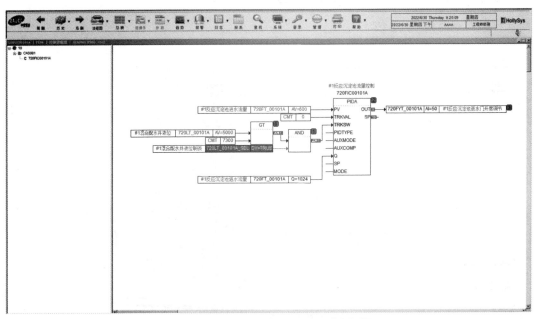

图 6.31   "#1 反应沉淀池进水控制"在线控制逻辑图

6.1.4   应用场景（三）——反应沉淀池排泥控制

图 6.32 所示为 #1 反应沉淀池排泥流程图。来自混合配水井的加药原水进入反应沉淀池，在反应沉淀池中产生絮状沉淀悬浮在水中，用于吸附水中的悬浮杂质。水中的悬浮杂质被吸附后，絮状沉淀物颗粒变大变重，最后沉淀到反应沉淀池底部，由排泥门排出。

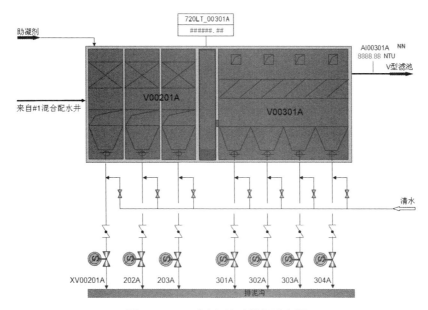

图 6.32　#1 反应沉淀池排泥流程图

一、控制要求

（1）为了便于现场维护和调试,要求排泥门可手动单阀控制,也可自动顺序控制。初始状态阀门为手动控制,单击"启动"按钮后即进入排泥门顺序控制（自动控制）。

（2）阀门顺序控制要求。

①单击"启动"按钮进入顺控程序,并开始对"主程序运行时间"（排泥总时间）计时。先开 201 A 排泥门,并对"单阀排泥时间"计时。当实际"单阀排泥时间"到达预设单阀排泥时间,关闭 201 A 排泥门。当实际"排泥间隔时间"到达预设排泥间隔时间时,开启 202 A 排泥门。

②202 A 排泥门开启后,重新对"单阀排泥时间"计时。当 202 A 排泥门"单阀排泥时间"等于预设单阀排泥时间时,关闭 202 A 排泥门。当实际"排泥间隔时间"到达预设排泥间隔时间时,开启 203 A 排泥门。

③按此顺序分别控制 203 A、301 A、302 A、303 A 排泥门。

④最后一个排泥门 304 A 完成排泥后,关闭 304 A 排泥门,并判断是否循环执行排泥控制。当"主程序运行时间"到达预设的排泥周期时间时,从第一步开始循环执行,否则进入等待状态。

（3）单击"跳步"按钮则可从当前步直接跳到下一步运行。单击"复位"按钮则跳出顺序控制程序,所有步序、时间、排泥门自动控制条件等参数复位到初始状态。

二、方案实施

1. 调用功能块

在 MACS V6.5 软件中,阀门控制可由"库管理器—控制运算—阀门控制"中的"VAL2"二位式阀门功能块完成。此功能块使用两个开关量输出信号控制现场阀门的开关状态。

调用功能块后,为功能块定义名称,如图 6.33 所示。

图 6.33　VAL2 功能块

2. 排泥门基本功能组态

在本控制回路中,通过 VAL2 功能块可监视排泥门的开关状态、切换手动 / 自动工作方式,并可在自动工作方式下通过自定义的联锁条件控制排泥门开关。

排泥门基本功能组态程序如图 6.34 所示。自定义 720XV00201 A_O、720XV00201 A_C 两个中间变量,分别连接到 VAL2 功能块 INON、INOF 引脚,作为排泥门自动开、自动关的控制条件。"#1 反应池排泥门 1 开关指令 720XYO_00 201 A"接收 OUT 引脚项输出的阀门开关控制指令,当指令为 TURE 时 201 A 排泥门打开,当指令为 FALSE 时 201 A 排泥门关闭。排泥门设备的开、关状态反馈分别连接至 VAL2 功能块的 FBKON、FBLOF 引脚,当 FBKON 为 TURE 时表示排泥门已开到位,当 FBKOF 为 TRUE 时表示排泥门已关到位。

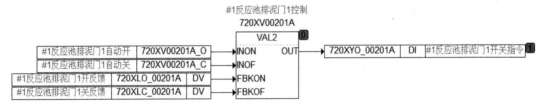

图 6.34　#1 反应池排泥门 1 基本功能程序

在反应沉淀池排泥控制中,其他反应池排泥门和沉淀池排泥门的基本功能组态方法相同。#1 反应池排泥门 202 A~203 A、#1 沉淀池排泥门 301 A~304 A 组态程序如图 6.35 所示。

3. 反应沉淀池排泥门的顺序控制

由于排泥门排泥控制步骤性强,在此方案中选用 SFC 顺序功能块语言编写步序结构,选用 ST 语言编写步序中的动作程序（由于篇幅所限,SFC 语言、ST 语言的使用方法详见和利时"HOLLiAS_MACS_V6.5 用户手册 4_ 算法组态"手册）。

图 6.35 #1 反应池排泥门基本功能程序

（1）步序结构组态。

方案中有三个反应池排泥门，四个沉淀池排泥门，共七个阀门。这七个阀门按顺序进行排泥，每个阀门的排泥控制设为一步，完成排泥后切换至下一步。当沉淀池最后一个排泥门完成排泥后，重新跳转到第一步重新排泥，使排泥控制程序循环运行。"排泥门顺序控制"步序结构如图 6.36 所示，其中第 0 步的作用是进入主程序后对所有排泥门设置为自动工作方式，第 8 步作用是判定主程序是否满足循环运行条件。

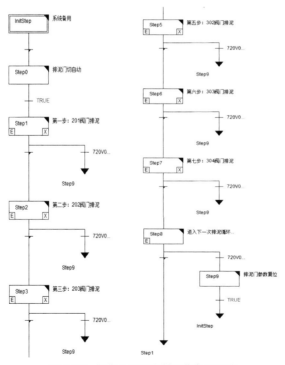

图 6.36 "排泥门顺序控制"步序结构

（2）排泥门工作方式切自动。

在进入排泥控制主程序前，先将所有排泥门的工作方式设置为自动，使“排泥门基本功能组态”程序的 VAL2 功能块自动开关条件引脚有效，通过变量为 INON、INOF 引脚赋值，从而控制排泥门的输出。排泥门切自动程序在 Step0 主步中完成，程序如图 6.37 所示。

```
(*反应池排泥门切自动*)
720XV00201A.AUTOOPT:=TRUE;
720XV00202A.AUTOOPT:=TRUE;
720XV00203A.AUTOOPT:=TRUE;
(*沉淀池排泥门切自动*)
720XV00301A.AUTOOPT:=TRUE;
720XV00302A.AUTOOPT:=TRUE;
720XV00303A.AUTOOPT:=TRUE;
720XV00304A.AUTOOPT:=TRUE;
```

图 6.37　Step0 主步排泥门切自动程序

（3）第一步 201 A 排泥门排泥控制。

进入第一步前先对时间参数复位，此复位程序在 Step1 入口步中完成，如图 6.38 所示。自定义“排泥间隔时间”“单阀排泥时间”“单步时间”“主程序运行时间”四个变量，用于程序中对时间的显示、设置与联锁。对这四个变量值赋值为 0，达到复位时间的目的。

```
720V00301A_T2.AI:=0;(*排泥间隔时间*)
720V00301A_T3.AI:=0; (*单阀排泥时间*)
720V00301A_T4.AI:=0;(*单步时间*)
720V00301A_T5.AI:=0;(*主程序运行时间*)
```

图 6.38　Step1 入口步中“时间参数复位”程序

第一步主要执行功能为开启 #1 反应池 201 A 排泥门，并开始排泥计时。当单阀排泥时间达到设定时间后，关闭 201 A 排泥门。当单阀排泥时间达到设定的排泥间隔时间后，开启下一个阀门。程序中，720V00301 A_TT2 表示“单阀排泥设定时间”，720V00301 A_TT1 表示“排泥间隔设定时间”。

201 A 排泥门排泥主程序在 Step1 主步中完成，如图 6.39 所示。第一段程序中 720XV00201 A_O、720XV00201 A_C 为 201 A 排泥门的自动开关条件，当分别为这两个变量赋值 TRUE、FALSE 时，为开 201 A 排泥门；在第二段程序中，由于运算周期为 0.5 s，则使时间变量循环加 0.5 s，用于完成对本步运行时间的计时；第三段程序中，当单阀排泥时间达到设定时间后，关 201 A 排泥门，完成第一个阀门的排泥；第四段程序中，当实际“排泥间隔时间”到达预设排泥间隔时间后，开下一个排泥门（即 202 A 排泥门），其中 720XV00202 A_O、720XV00202 A_C 为 202 A 排泥门的自动开关条件。

当 202 A 排泥门已开或者手动发出跳步信号时，跳出第一步程序，进入下一步程序。此跳转程序在 Step1 出口转换条件中编写，如图 6.40 所示。跳转前对 201 A 排泥门自动开关条件、202 A 排泥门自动开关条件和手动跳转信号复位。此复位程序在 Step1 出口步中编写，如图 6.41 所示。

```
0001 (*开201排泥门*)
0002 720XV00201A_O:=TRUE;
0003 720XV00201A_C:=FALSE;
0004
0005 (*步序赋值为1,单步时间、排泥间隔时间、单阀排泥时间、主程序运行时间计时*)
0006 720V00301A_BS.AI:=1;                              (*步序*)
0007 720V00301A_T4.AI:=720V00301A_T4.AI+0.5;          (*单步时间*)
0008 720V00301A_T5.AI:=720V00301A_T5.AI+0.5;          (*主程序运行时间*)
0009 720V00301A_T2.AI:=720V00301A_T2.AI+0.5;          (*排泥间隔时间*)
0010 720V00301A_T3.AI:=720V00301A_T3.AI+0.5;          (*单阀排泥时间*)
0011
0012
0013 (*单阀排泥时间到,关当前阀门*)
0014 IF 720V00301A_T3.AI> 720V00301A_TT2.AV THEN
0015 720V00301A_T3.AI:=720V00301A_TT2.AV;
0016 720XV00201A_O:=FALSE;
0017 720XV00201A_C:=TRUE;
0018 END_IF
0019
0020
0021 (*排泥间隔时间到,开下一个阀门*)
0022 IF 720V00301A_T2.AI>720V00301A_TT1.AV THEN
0023 720V00301A_T2.AI:=720V00301A_TT1.AV;
0024 720XV00202A_O:=TRUE;
0025 720XV00202A_C:=FALSE;
0026 END_IF
0027
```

图 6.39　Step1 主步程序

```
0001 (*程序跳转*)
0002 TRANS:=(720XLO_00202A.DV OR 720V00301A_TIP) AND 720V00301A_START.DV;
0003
```

图 6.40　tep1 出口转换条件程序

```
0001 (*复位202A自动开关信号*)
0002 720XV00202A_O:=FALSE;
0003 720XV00202A_C:=FALSE;
0004 (*复位201A自动开关信号*)
0005 720XV00201A_O:=FALSE;
0006 720XV00201A_C:=FALSE;
0007 (*复位手动跳步信号*)
0008 720V00301A_TIP:=FALSE;
0009
```

图 6.41　Step1 出口步程序

（4）第二步至第七步排泥门排泥控制。

进入第二步时,需重新对"单步时间""单阀排泥时间""排泥间隔时间"计时,在 Step2
入口步中对这三个时间变量赋值 0,达到复位时间的目的。注意,此处"主程序运行时间"无
须复位,如图 6.42 所示。本案例中的第三步至第七步中的入口程序都与 Step2 入口步程序
相同,组态步骤不再复述。

```
0001 720V00301A_T2.AI:=0; (*排泥间隔时间*)
0002 720V00301A_T3.AI:=0; (*单阀排泥时间*)
0003 720V00301A_T4.AI:=0; (*单步时间*)
0004
```

图 6.42　Step2 入口步中"排泥时间参数复位"程序

在 Step2 主步中,对第二步"单步时间""单阀排泥时间""排泥间隔时间""主程序运行时间"计时。对 202 A 排泥门开始排泥,当"单阀排泥时间"到达设定时间则关闭 202 A 排泥门,当"排泥间隔时间"达到设定时间时打开下一排泥门。

图 6.43 所示为 202 A 排泥门主步程序。在第一段程序中,由于已在 Step1 主程序中对 202 A 排泥门发出打开命令,所以在本步中直接开始计算 202 A 排泥门排泥时间即可。第二段中,当 202 A 排泥门"单阀排泥时间"到达预设时间时关闭此排泥门。第三段程序中,当"排泥间隔时间"到达预设时间时打开下一个排泥门 203 A。

本案例中第三步至第六步中的主程序与 Step2 相似,组态步骤不再复述。当第七步排泥完成,即本组最后一个排泥门完成排泥动作后,关闭本步中的 304 A 排泥门即可,组态程序如图 6.44 所示。

```
0001 (*步序赋值为2,单步时间、排泥间隔时间、单阀排泥时间、主程序运行时间计时*)
0002 720V00301A_BS.AI:=2;                              (*步序*)
0003 720V00301A_T4.AI:=720V00301A_T4.AI+0.5;          (*单步时间*)
0004 720V00301A_T5.AI:=720V00301A_T5.AI+0.5;          (*主程序运行时间*)
0005 720V00301A_T2.AI:=720V00301A_T2.AI+0.5;          (*排泥间隔时间*)
0006 720V00301A_T3.AI:=720V00301A_T3.AI+0.5;          (*单阀排泥时间*)
0007
0008 (*单阀排泥时间到,关当前阀门*)
0009 IF 720V00301A_T3.AI >= 720V00301A_TT2.AV THEN  (*单阀排泥时间到,关当前阀门*)
0010 720V00301A_T3.AI:=720V00301A_TT2.AV;
0011 720XV00202A_O:=FALSE;
0012 720XV00202A_C:=TRUE;
0013 END_IF
0014
0015 (*排泥间隔时间到,开下一个阀门*)
0016 IF 720V00301A_T2.AI>= 720V00301A_TT1.AV THEN  (*排泥间隔时间到,开下一个阀门*)
0017 720V00301A_T2.AI:=720V00301A_TT1.AV;
0018 720XV00203A_O:=TRUE;
0019 720XV00203A_C:=FALSE;
0020 END_IF
0021
```

图 6.43　Step2 主步程序

```
0001 (*步序赋值为1,单步时间、排泥间隔时间、单阀排泥时间、主程序运行时间计时*)
0002 720V00301A_BS.AI:=9;                              (*步序*)
0003 720V00301A_T4.AI:=720V00301A_T4.AI+0.5;          (*单步时间*)
0004 720V00301A_T5.AI:=720V00301A_T5.AI+0.5;          (*主程序运行时间*)
0005 720V00301A_T2.AI:=720V00301A_T2.AI+0.5;          (*排泥间隔时间*)
0006 720V00301A_T3.AI:=720V00301A_T3.AI+0.5;          (*单阀排泥时间*)
0007
0008
0009 (*单阀排泥时间到,关当前阀门*)
0010 IF 720V00301A_T3.AI>= 720V00301A_TT2.AV THEN      (*单阀排泥时间到,关当前阀门*)
0011 720V00301A_T3.AI:=720V00301A_TT2.AV;
0012 720XV00304A_O:=FALSE;
0013 720XV00304A_C:=TRUE;
0014 END_IF
0015
```

图 6.44　Step7 主步程序

第二步至第六步的出口步程序和出口转换条件与 Step1 相似,组态步骤不再复述。第七步中,由于是本组最后一个排泥门,出口步只需对本步的 304 A 排泥门自动开关条件和手动跳步信号复位,如图 6.45 所示。当 304 A 排泥门已关时跳出本步,完成 #1 反应沉淀池第一遍排泥控制,Step7 出口转换条件程序如图 6.46 所示。

```
0001 (*复位304A自动开关信号*)
0002 720XV00304A_O:=FALSE;
0003 720XV00304A_C:=FALSE;
0004 (*复位手动跳步信号*)
0005 720V00301A_TIP:=FALSE;
0006
```

图 6.45　Step7 出口步程序

```
0001 (*程序跳转*)
0002 TRANS:=(720XLC_00304A.DV OR 720V00301A_TIP)AND 720V00301A_START.DV;
0003
```

图 6.46　Step7 出口转换条件程序

（5）循环排泥控制。

#1 反应沉淀池中所有排泥门完成第一遍排泥动作后，自动进入第二遍排泥动作。进入第二遍排泥动作前需进行循环条件判断：当"主程序运行时间"即排泥总时间大于"#1 反应沉淀池周期时间 720V00301 A_TT"时进入第二遍排泥控制，否则在此步中等待，直到"主程序运行时间"大于周期时间。计时程序在 Step8 主步中组态，如图 6.47 所示。判断跳转程序在 Step8 出口转换条件中组态，如图 6.48 所示。转换条件满足后，使用跳转工具，跳转到 Step1 中重新运行排泥主程序，跳转组态如图 6.49 所示。

```
0001 (*步序赋值为14,主程序运行时间计时*)
0002 720V00301A_BS.AI:=14;
0003 720V00301A_T5.AI:=720V00301A_T5.AI+0.5;
0004
```

图 6.47　Step8 主步程序

```
0001 (*程序跳转,周期运行*)
0002 TRANS:=(720V00301A_T5.AV>=(720V00301A_TT.AV*3600)) AND 720V00301A_START.DV ;
0003
```

图 6.48　Step8 出口转换条件程序

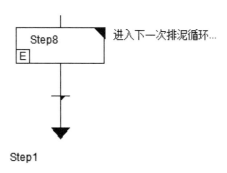

图 6.49　跳转设置

（6）跳出顺序控制。

单击"启动"按钮进入顺序控制主程序，所有阀门进入自动工作状态。单击"复位"按钮跳出主程序并复位所有参数，进入初始步等待状态。

启动命令由 InitStep 初始步的出口转换条件完成。自定义 720V00301 A_START 中间变量，当启动信号为 TRUE 时，运行程序由初始步进入到由 Step1 开始的主程序中运行，图

6.50 所示为 InitStep 初始步的出口转换条件组态程序。

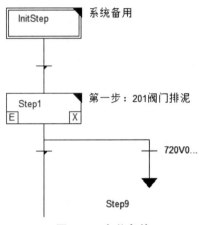

```
0001 (*启动命令，程序跳转*)
0002 TRANS:=720V00301A_START.DV ;
0003
```

图 6.50　InitStep 初始步出口转换条件程序

复位命令可由 SFC 自带的语言命令完成,也可由组态程序完成。本案例中选用组态程序完成对主程序的复位。复位条件如图 6.51 所示,对每一步的出口转换条件设置并行分支,并行分支的转换条件设置为复位信号 720V00301 A_RS,当此信号为 TRUE 时跳转到Step9。

InitStep　系统备用

Step1　第一步：201阀门排泥

720V0...

Step9

图 6.51　复位条件

在 Step9 中完成对排泥门自动开关条件和主程序启动信号的复位后,直接跳出至 Init-Step 初始步。图 6.52 所示为 Step9 跳转步序,图 6.53 所示为 Step9 主步中的复位程序。

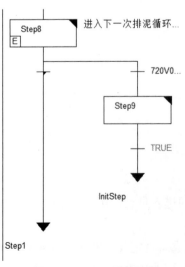

图 6.52　Step9 跳转步序

```
0001 (*复位阀门至初始状态*)
0002 720XV00201A_O:=FALSE;
0003 720XV00201A_C:=TRUE;
0004 720XV00202A_O:=FALSE;
0005 720XV00202A_C:=TRUE;
0006 720XV00203A_O:=FALSE;
0007 720XV00203A_C:=TRUE;
0008 720XV00204A_O:=FALSE;
0009 720XV00204A_C:=TRUE;
0010 720XV00205A_O:=FALSE;
0011 720XV00205A_C:=TRUE;
0012 720XV00301A_O:=FALSE;
0013 720XV00301A_C:=TRUE;
0014 720XV00302A_O:=FALSE;
0015 720XV00302A_C:=TRUE;
0016 720XV00303A_O:=FALSE;
0017 720XV00303A_C:=TRUE;
0018 720XV00304A_O:=FALSE;
0019 720XV00304A_C:=TRUE;
0020 720XV00305A_O:=FALSE;
0021 720XV00305A_C:=TRUE;
0022 720XV00306A_O:=FALSE;
0023 720XV00306A_C:=TRUE;
0024 720XV00307A_O:=FALSE;
0025 720XV00307A_C:=TRUE;
0026 720XV00308A_O:=FALSE;
0027 720XV00308A_C:=TRUE;
0028 (*启动信号复位为FALSE*)
0029 720V00301A_START.DI:=FALSE;
```

图 6.53　复位程序

4. 监控画面组态

（1）图形符号 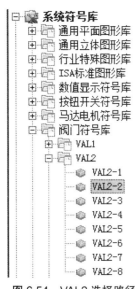用于监控排泥门状态。当图形运行时，单击图符对象可弹出 VAL2 操作面板。组态方法：调用系统符号库中的"VAL2"图符，选择路径如图 6.54 所示。鼠标左键双击所选图符对象，打开属性面板，设置属性参数，如图 6.55 所示，单击"确定"按钮完成组态。监控画面中七个排泥门组态方法相同，组态步骤不再复述。

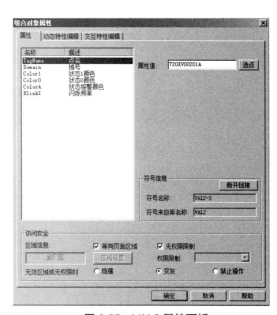

图 6.54　VAL2 选择路径　　　　　　　　图 6.55　VAL2 属性面板

（2）图 6.56 所示为排泥门顺序控制监控面板，其中"步序""主程序运行时间""单步运行时间"对应的"#"号图符用于显示相应的数值。

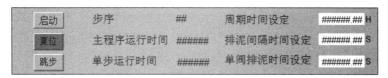

图 6.56　排泥门顺序控制监控面板

组态方法：用工具栏中的"A"文字工具分别绘制"##""######""######"三个文字对象，对图形对象设置动态特性"模拟量值特性"，如图 6.57 所示，使其在线运行时可显示"步序""主程序运行时间""单步运行时间"实时值。

（3）在排泥门顺序控制监控面板中，"周期时间设定""排泥间隔时间设定""单阀排泥时间设定"对应的 ######.## 图符用于设定相应的时间值，并把设定值通过 #####.## 图形对象显示在画面上。

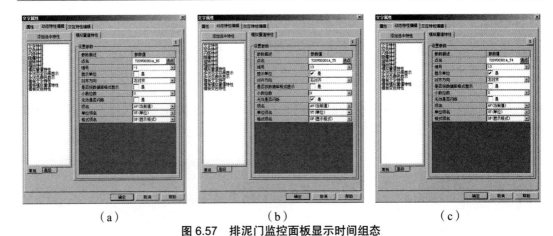

（a）　　　　　　　　　（b）　　　　　　　　　（c）

图 6.57　排泥门监控面板显示时间组态

组态方法：用工具栏中"A"文字工具分别绘制三个图形对象，对图形对象设置"模拟量值特性"动态特性，使其显示设定值。对图形对象设置"设定值特性（数字键盘）"交互特性，如图 6.58 所示。画面运行时，可通过单击图形对象弹出数字面板，设定时间数值。

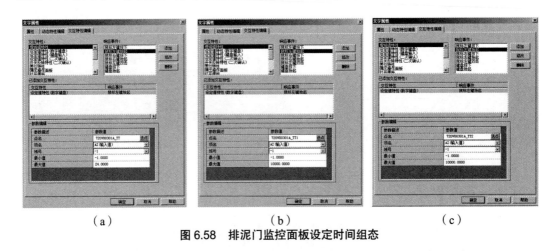

（a）　　　　　　　　　（b）　　　　　　　　　（c）

图 6.58　排泥门监控面板设定时间组态

（4）在排泥门顺序控制监控面板中，图形符号 启动 为"#1 反应沉淀池系统启动"按钮，调用系统符号库中"联锁"按钮图符，鼠标左键双击图符，打开属性面板，对"启动"按钮设置参数，如图 6.59（a）所示。画面在线运行时，单击按钮则 720V00301 A_START 变量值为TRUE。

图形符号 复位 为"#1 反应沉淀池系统复位"按钮，调用系统符号库中"置 1 脉冲按钮 -1"图符，鼠标左键双击图符，打开属性面板，对"复位"按钮设置参数，如图 6.59（b）所示。画面在线运行时，单击按钮则为 720V00301 A_RS 变量赋置 1 脉冲信号。

图形符号 跳步 为"#1 反应沉淀池系统跳步"按钮，调用系统符号库中"置 1 脉冲按钮 -1"图符，鼠标左键双击图符，打开属性面板，对"跳步按钮"设置参数，如图 6.59（c）所示。画面在线运行时，单击按钮则为 720V00301 A_TIP 变量赋置 1 脉冲信号。

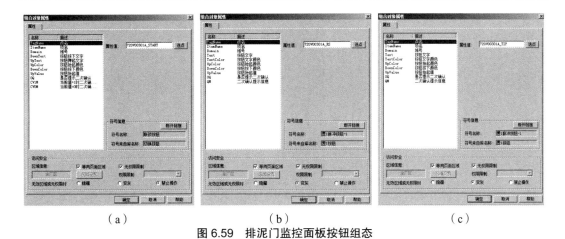

（a）　　　　　　　（b）　　　　　　　（c）

图 6.59　排泥门监控面板按钮组态

5. 在线监控

完成控制逻辑及画面组态后,保存、编译和下装工程,进入操作员在线界面。图 6.60 为"#1 反应沉淀池排泥控制"在线仿真监控画面,单击排泥门图符弹出 VAL2 在线操作面板。可通过控制逻辑图调出相应的逻辑程序,并在线调试,如图 6.61 所示。

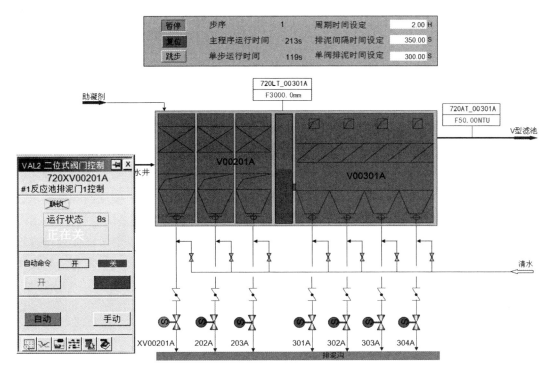

图 6.60　"#1 反应沉淀池排泥控制"在线仿真监控画面

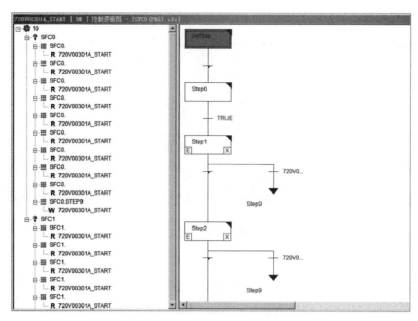

图 6.61　排泥顺序控制在线运行逻辑图

6.2　和利时 DCS 在电力行业的典型应用

6.2.1　案例背景介绍——循环流化床锅炉系统

循环流化床锅炉系统采用流态化燃烧、自然循环方式,由燃烧室、炉膛、旋风分离器、返料器等组成循环燃烧系统。该系统主要分为燃烧系统、风烟系统、点火系统和汽水系统等,如图 6.62 所示。燃烧系统通过燃料的燃烧将化学能转变为烟气的热能,以加热工质;汽水系统通过受热面吸收烟气的热量,完成工质由水转变为饱和蒸汽,再转变为过热蒸汽的过程。点火系统是在锅炉启动或燃烧不稳定时通过推进点火枪和油枪,并使用高能打火装置点火,最终通过燃油稳定燃烧工况。风烟系统是冷风、热风系统和烟气系统的统称,包括一次风机、二次风机、引风机、冷却风机、返料风机等设备。循环硫化床锅炉系统在运行过程中,通过调节给煤量使炉内放热量适应机组负荷的变化;通过调节送风量,保持合适的风煤比,使锅炉热损失趋于最低;通过调节引风量,保持合理的炉膛负压;通过调节一、二次风量,保持合理的一、二次风配比。

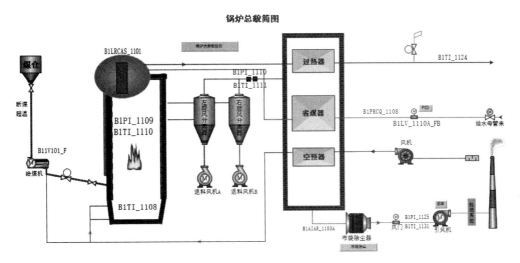

图 6.62 循环流化床锅炉系统工艺

下文通过三个应用场景介绍循环流化床锅炉系统中的典型控制,分别是"给煤机的启停控制及 MFT 首出判断""过热器一级减温水温度自动控制"和"锅炉点火程控"。

6.2.2 应用场景(一)——给煤机的启停控制及 MFT 首出判断

给煤机是为锅炉提供燃料的供煤设备,通过输煤皮带将称重计量后的燃煤从煤仓输送至锅炉炉膛。

一、控制要求

1. 给煤机启停控制要求

(1)实现手动、自动控制方式。

(2)当一次风机变频器运行、引风机变频器运行以及至少有一台返料风机运行时,锅炉大联锁保护投入并且锅炉 MFT 未动作时允许启动。

(3)以下任一条件满足,给煤机停止运行:

①锅炉 MFT 动作;

②在锅炉大联锁投入的前提下,引风机变频器、一次风机变频器或者返料风机中任一设备的运行信号消失,立即停止给煤机运行。

2. 锅炉 MFT 首出判断

判断条件为:在锅炉总联锁保护和以下每项保护的联锁投入同时投入的情况下,当以下任一保护动作时,触发锅炉 MFT 首出动作。

(1)手动停炉。

(2)锅炉引风机跳闸。

(3)锅炉一次风机跳闸。

(4)汽包水位高报警。

(5)汽包水位低报警。

（6）锅炉炉膛负压高报警。

（7）锅炉炉膛负压低报警。

（8）炉膛床温高报警。

（9）炉膛床温低报警。

（10）炉膛返料风机全停报警。

（11）锅炉总风量低报警。

单击手动复位按钮可实现报警复位。

二、方案实施

1. 给煤机的启停控制

HSSCS6 功能块用于实现电动机、电动门或者电磁阀等开关型设备的状态监视、控制及联锁保护功能。该方案通过 HSSCS6 功能块实现给煤机手、自动控制。HSSCS6 功能块及引脚说明如图 6.63 所示。

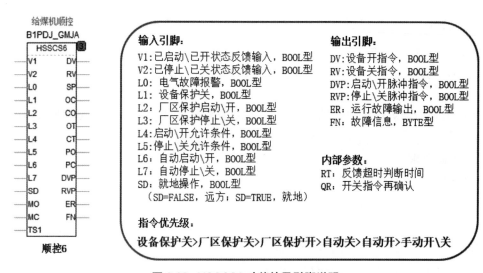

图 6.63　HSSCS6 功能块及引脚说明

组态时,可调用库管理器 \POWERCAL.HLF\ 控制 \HSSCS6 功能块,并定义为复杂全局变量"B1PDJ_GMJA",方便后期引用操作面板。按照给煤机的启停控制要求,组态内容如图 6.64 所示。

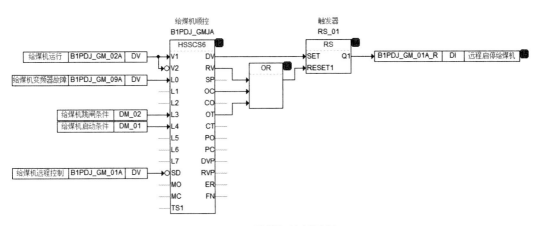

图 6.64　给煤机控制逻辑

图 6.65 所示为给煤机启动允许条件,对启动条件进行判断后,通过中间变量"DM_01"引到"HSSCS6"功能块的 L4 引脚,作为给煤机的启动允许条件。图 6.66 所示为给煤机启动允许条件,对跳闸条件进行判断后,通过中间变量"DM_02"引到"HSSCS6"功能块的 L3 引脚,用于紧急停止给煤机。

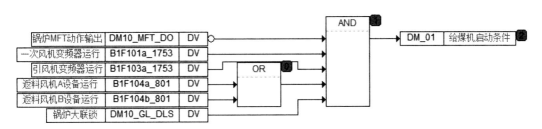

图 6.65　给煤机启动允许条件

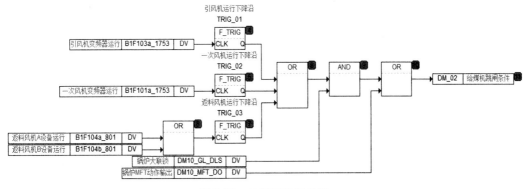

图 6.66　给煤机跳闸条件

根据工程需求,需要结合给煤机控制回路对 HSSCS6 功能块的点详细面板进行设置。双击给煤机顺控功能块,弹出给煤机顺控点详细面板,进行参数设置,如图 6.67 所示。

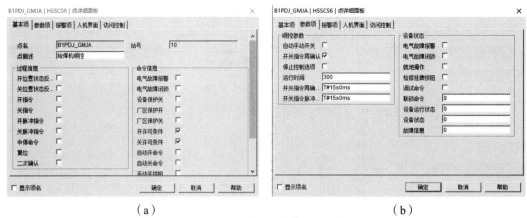

（a） （b）

图 6.67　给煤机顺控点详细面板

3. 锅炉 MFT 首出判断

"HSSC16"为 16 路信号首出记忆功能块,该功能块用于实现事故记录和首出原因的分析。当输入引脚中有一个或多个信号触发时,总故障报警输出引脚 DV 输出 TRUE 信号。当有多个故障发生时,最先输入信号触发引脚对应的输出端输出为 TRUE,作为首出信号。同时 DV 输出为 TRUE,其他引脚为 FALSE。当故障排除后,通过"HSSC16"功能块的 RS 引脚实现首出复位。如图 6.68 所示为锅炉 MFT 主逻辑。

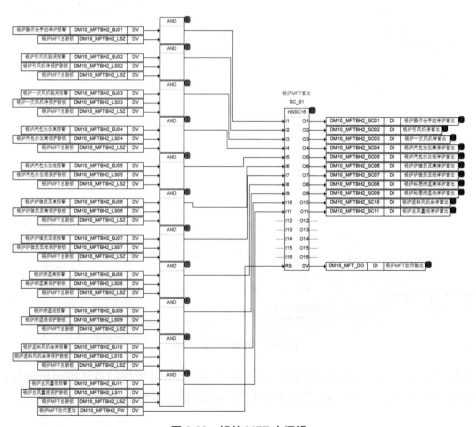

图 6.68　锅炉 MFT 主逻辑

4. 给煤机顺控操作面板

图形组态时,可直接调用系统符号库中的静态设备图形和动态设备符号。其中动态设备符号是已经添加了相应动态特性或交互特性的符号,使用时选择所需符号并设置相关属性即可。本案例中给煤机的图形符号调用路径为"系统符号库\动态设备符号\顺控设备\电动机",如图 6.69 所示。

选择电动机图符后,用鼠标左键拖曳到图形编辑区进行显示。双击该符号的图形,进行属性设置,如图 6.70 所示。其中,属性值为"B1PDJ_GMJA"。在线运行后,弹出的给煤机顺控操作面板如图 6.71 所示。

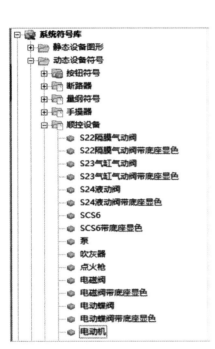

图 6.69　"电动机"符号的存储路径

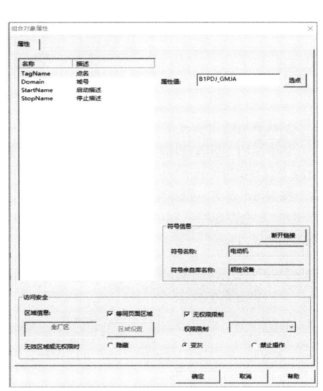

图 6.70　"电动机"符号的对象属性

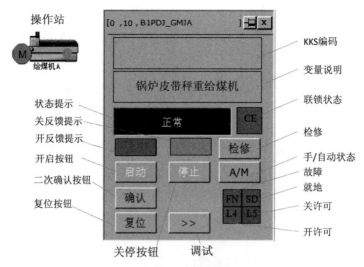

图 6.71　给煤机顺控操作面板

5. 锅炉 MFT 首出操作面板

锅炉 MFT 首出操作面板需要通过图形组态工具进行图形绘制。其中各跳闸联锁按钮、MFT 总联锁按钮可调用"动态设备符号\按钮符号"路径下的"投切"按钮图符,MFT 动作复位按钮可以调用"动态设备符号\按钮符号"路径下的"置位"按钮图符,各状态指示灯可以调用"动态设备符号\状态灯"路径下的"灰变红灯+闪烁"图符(项值为 1 时变色闪烁),如图 6.72 所示。

MFT跳闸条件	跳闸联锁	跳闸报警	首出跳闸	
手动MFT	手动停炉	◯	◯	
引风机跳闸	联锁解除	◯	◯	MFT总联锁解除
一次风机跳闸	联锁解除	◯	◯	
汽包水位高	联锁解除	◯	◯	
汽包水位低	联锁解除	◯	◯	MFT动作指示
炉膛压力高	联锁解除	◯	◯	◯
炉膛压力低	联锁解除	◯	◯	
锅炉床温高	联锁解除	◯	◯	
锅炉床温低	联锁解除	◯	◯	MFT动作复位
风量小于30%	联锁解除	◯	◯	
返料风机全停	联锁解除	◯	◯	

可调用动态设备符号

图 6.72　锅炉 MFT 首出面板组态

在线运行后,弹出的锅炉 MFT 首出操作面板如图 6.73 所示。在该 MFT 首出操作面板中,锅炉的每项跳闸联锁以及锅炉 MFT 总联锁均处于投入状态,当有任意一项保护动作时,都会造成首出动作;当有多项保护动作时,面板中对应的跳闸报警均会闪烁显示,但首出跳闸只记录最先发生的那一项并闪烁报警,并且 MFT 动作指示也会闪烁报警,代表当前有首出。如图 6.73 所示,锅炉主保护的 11 个信号中,总风量小于 30% 和返料风机全停信号均被触发,但首出跳闸信号为总风量小于 30%。当所有报警都消失时,可通过面板中的"MFT 动作复位"按钮进行复位。

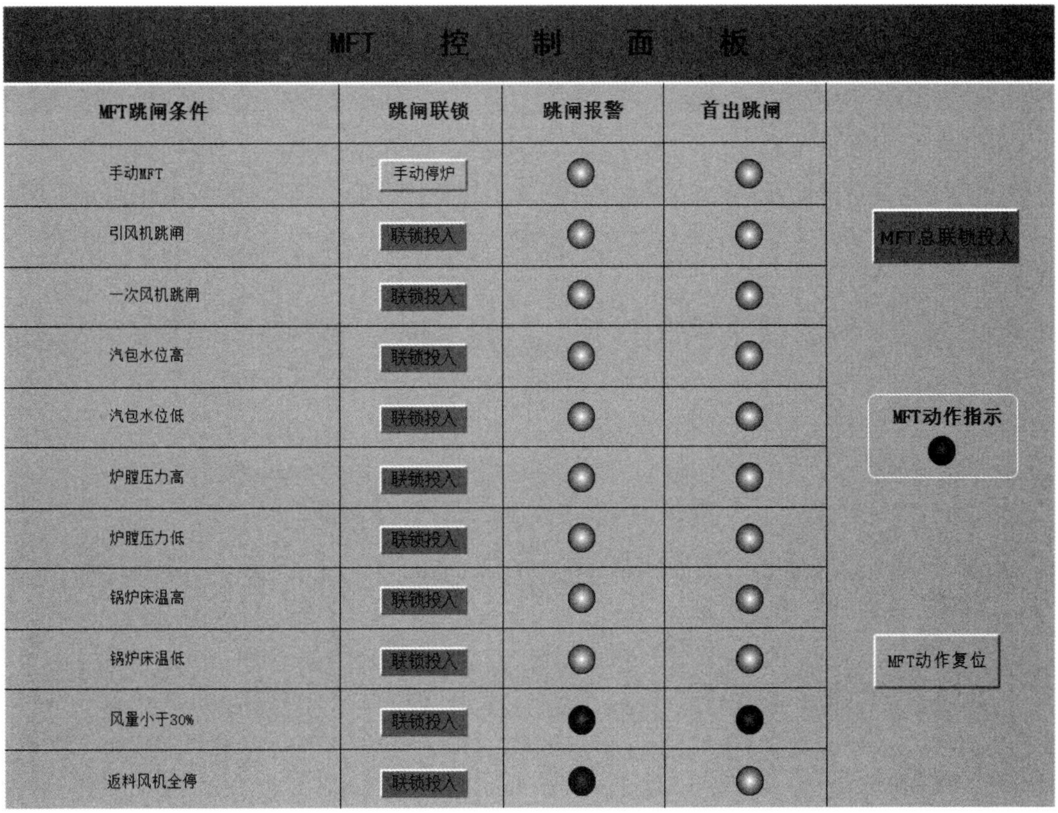

图 6.73　锅炉 MFT 首出操作面板

6.2.3　应用场景(二)——过热器一级减温水温度自动控制

过热器一级减温水温度控制是典型的串级 PID 控制。通过调节过热器一级减温器出口蒸汽调节阀的开度实现二级减温器入口蒸汽温度的自动控制。

一、控制要求

(1)通过过热器一级减温器出口蒸汽调节阀实现对过热器二级减温器入口蒸汽温度的手动和自动调节(对一级减温器出口蒸汽温度和二级减温器入口蒸汽温度进行品质判断)。

(2)当满足以下条件时一级减温器出口蒸汽调节阀强制切手动:

①一级减温器出口蒸汽调节阀指令与反馈的偏差大于设定值(可设定);

②设定值 SP 与过程测量值 PV 的偏差大于设定值(可设定);

③一级减温器出口蒸汽温度或者二级减温器入口蒸汽温度品质差。

二、方案实施

1. 过热器一级减温水温度自动调节

（1）自动调节逻辑。

该方案通过 HSVPID 功能块和 HSVMAN 手操器实现过热器一级减温水温度的自动调节。其中，HSVPID 功能块及引脚说明如图 6.74 所示。

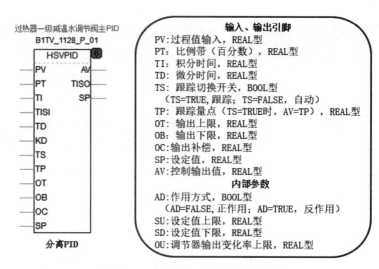

图 6.74　HSVPID 功能块及引脚说明

组态时，可调用"库管理器 \POWERCAL.HLF\ 控制 \"路径下"HSVPID"功能块，并将主、副 PID 分别定义为复杂全局变量"B1TV_1128_P_01"和"B1TV_1128_P_02"，方便引用操作面板。

HSVMAN 手操器功能块及引脚说明如图 6.75 所示。

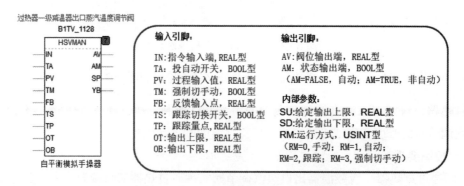

图 6.75　HSVMAN 手操器功能块及引脚说明

调用"库管理器 \POWERCAL.HLF\ 控制 \"路径下的 HSVMAN 功能块，并定义为复杂全局变量"B1TV_1128"。

过热器一级减温水温度调节 PID 回路的组态逻辑如图 6.76 所示。

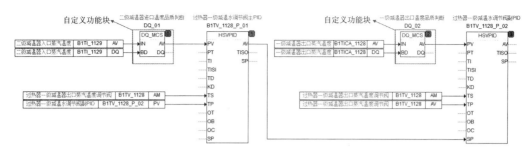

图 6.76　过热器一级减温水温度调节 PID 回路组态逻辑

图 6.76 中,主 PID 对应主调,通过调节一级减温器出口蒸汽温度实现对二级减温器入口蒸汽温度的调节。副 PID 对应副调,通过调节一级减温器出口蒸汽调节阀的开度实现对一级减温器出口蒸汽温度的调节。在该串级 PID 回路中,经过品质判断后的二级减温器入口蒸汽温度作为主调的过程测量值,引入主调回路的 PV 引脚。经过品质判断后的一级减温器出口蒸汽温度作为副调的过程测量值,引入副调回路的 PV 引脚。

无论主调还是副调,对应的 PID 功能块都有两种工作方式:自动和跟踪。当 PID 调节器的跟踪开关 TS 为 FALSE 时, PID 处于自动工作状态,并进行比例、积分和微分的自动运算。当 TS 为 TRUE 时,PID 单元停止比例、积分和微分运算,PID 处于跟踪方式,AV 输出值随"跟踪量点 TP"的值而变化。

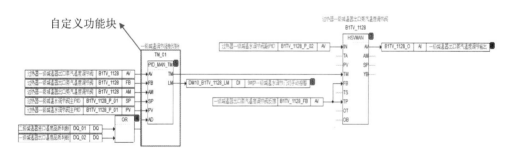

图 6.77　过热器一级减温水温度调节输出

经过自动调节后的一级过热器出口蒸汽调节阀开度指令通过 HSVMAN 功能块进行输出,如图 6.77 所示。HSVMAN 功能块既可以单独使用,也可以配合 HSVPID 功能块使用。HSVMAN 功能块对应的运行方式有四种:手动、自动、跟踪和强制手动。运行方式的优先级别为:跟踪 > 强制手动 > 手动 / 自动。当手操器的跟踪开关 TS 为 TRUE 时,手操器进入跟踪模式, 内部参数 RM 为 2,此时对 RM 的其他赋值均无效。当强制手动开关 TM 为 TRUE,且跟踪开关 TS 为 FALSE 时,手操器进入强制手动模式,内部参数 RM 为 3,此时功能等同手动工作模式,且不能投自动。当强制手动开关 TM 为 FALSE,且跟踪开关 TS 为 FALSE 时,退出强制切手动和跟踪方式, HSVMAN 功能块进入手动或自动模式,且两种模式可以切换。

根据工程需求,对主 PID、副 PID 以及手操器功能块的点详细面板分别进行设置。主 PID 功能块点详细面板参数如图 6.78 所示。

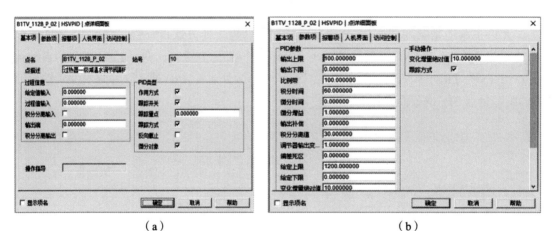

（a）　　　　　　　　　　　　　　　　　　　　（b）

图6.78　主PID功能块点详细面板参数

副PID功能块点详细面板参数如图6.79所示。

（a）　　　　　　　　　　　　　　　　　　　　（b）

图6.79　副PID功能块点详细面板参数

HSVMAN手操器功能块点详细面板参数如图6.80所示。

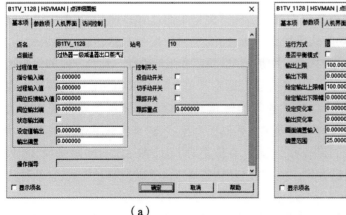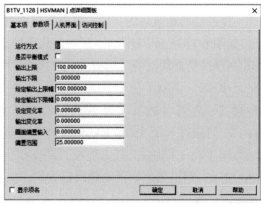

（a）　　　　　　　　　　　　　　　　　　　　（b）

图6.80　HSVMAN手操器功能块点详细面板参数

（2）品质判断（自定义功能块）。

按照控制要求，一级减温器出口蒸汽温度和二级减温器出口蒸汽温度均需要进行品质判断后再参与自动调节。因此，以上 PID 串级调节回路中，实例名称为 DQ_O1 和 DQ_02 的功能块为自定义功能块的引用，图 6.81 所示为自定义功能块 DQ_MCS 的具体逻辑。

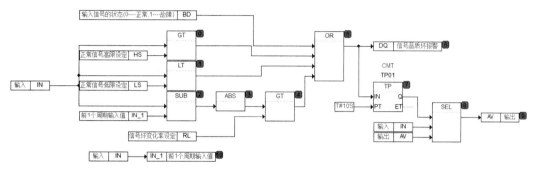

图 6.81　自定义功能块 DQ_MCS 的具体逻辑

图 6.81 所示的自定义功能块中，变量 IN 和变量 BD 分别被定义为 REAL 类型和 BOOL 类型的输入变量，对应的是模拟量值输入和模拟量质量状态输入。变量 AV 和变量 DQ 分别被定义为 REAL 类型和 BOOL 类型的输出变量，分别对应模拟量输出及信号品质坏报警。

2. 过热器一级减温水温度调节强制切手动（自定义功能块）

根据以上内容可知，当 HSVMAN 手操器的强制手动开关 TM 为 TRUE 时，过热器一级减温水温度调节进入强制手动工作方式。其中，实例名称为 TM_01 的功能块调用的是自定义功能块，如图 6.82 所示。

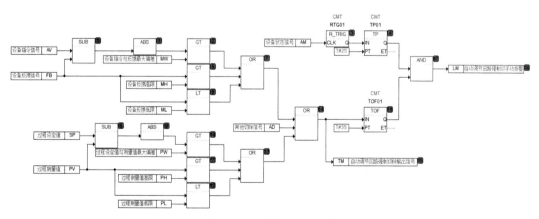

图 6.82　强制切手动逻辑

3. 主、副 PID 操作面板

本案例中主、副 PID 的操作面板通过调用符号完成。调用符号的存储路径为“系统符号库＼动态设备符号＼PID 弹出按钮 1”，如图 6.83 所示。

将符号拖曳至图形编辑区域后,鼠标左键双击图形进行符号属性的设置,如图 6.84 所示为主 PID 符号属性的设置面板。副 PID 的符号引用方式与主 PID 相同。在线运行后,弹出的主、副 PID 的操作面板分别如图 6.85 和图 6.86 所示。

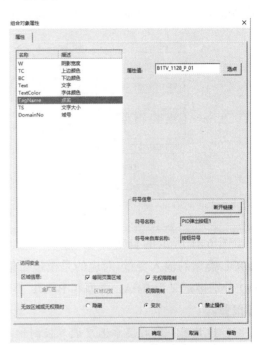

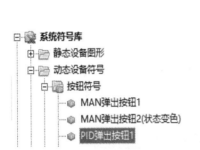

图 6.83　"PID"符号的存储路径　　　　图 6.84　主 PID 符号属性的设置面板

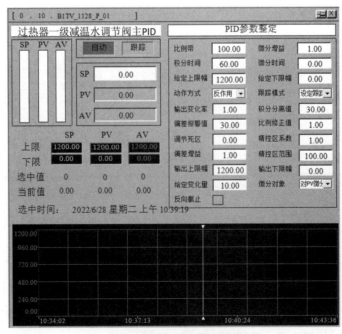

图 6.85　主 PID 操作面板

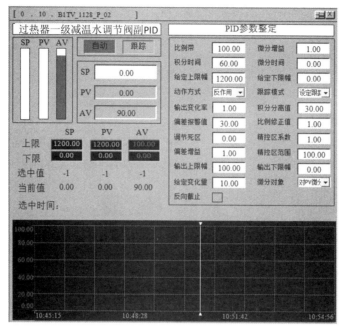

图 6.86　副 PID 操作面板

通过 PID 操作面板可以进行 PID 参数的整定、工作方式的切换及重要参数的查看,也可以对 SP 值进行设定。

4. 手操器面板

手操器分为开环手操器和闭环手操器,由于过热器一级减温水温度调节采用的是串级 PID 调节,因此采用闭环手操器。本案例中手操器面板通过调用符号完成。调用符号的存储路径为"系统符号库\动态设备符号\手操器\M22 闭环手操器",如图 6.87 所示。

将符号拖曳至图形编辑区域后,鼠标左键双击图形进行符号属性的设置,如图 6.88 所示。

图 6.87　手操器符号的存储路径

图 6.88　手操器符号属性的设置

在线运行后，弹出的手操器面板如图 6.89 所示。该面板可用于过热器一级减温器出口蒸汽调节阀手动 / 自动工作方式的切换、阀门状态的查看、手动方式下阀门开度的调节以及自动工作方式下 SP 值的设定等。

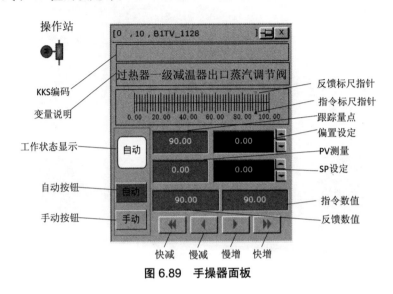

图 6.89　手操器面板

6.2.4　应用场景（三）——锅炉点火程控

锅炉点火系统是循环流化床锅炉必备的一个系统，用于启机前通过燃油稳定锅炉燃烧工况，当燃烧火焰稳定后，关闭点火，并切换为以燃煤为主。点火系统的主要设备有油枪、点火枪、高能打火装置、油角阀、吹扫阀等。点火时需要按照给定的步序逐步推进相应的设备，待点火成功后再按照给定的步序逐步退出。

一、控制要求

（1）点火允许条件下。

① #1 锅炉床上油角阀已关；

② #1 锅炉床吹扫阀已关；

③ #1 锅炉火检无火。

（2）点火步序如图 6.90 所示。

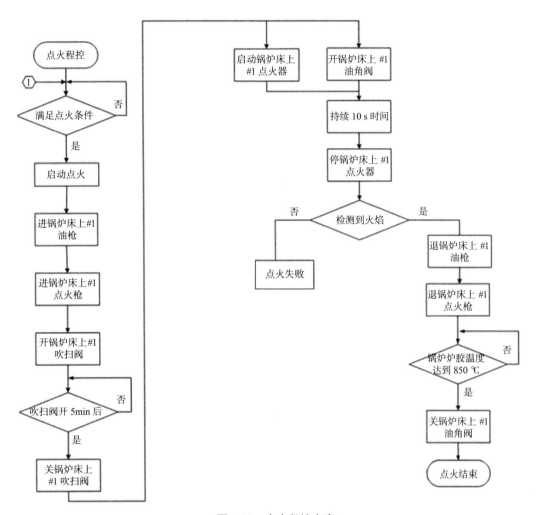

图 6.90　点火程控方案

二、方案实施

1. 单体设备的顺控逻辑

要实现程控的前提条件是参与程控的单体设备手、自动控制均没有问题。因此,在编写程控逻辑之前,需要先编写各个单体设备的顺控逻辑。根据控制方案,在锅炉点火程控中,受控设备分别是油枪、点火枪、油角阀、吹扫阀和点火器。图 6.91 为锅炉油枪顺控逻辑,其他单体设备的顺控逻辑以此为参考。

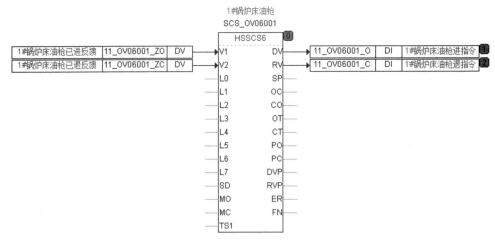

图 6.91　锅炉油枪顺控逻辑

2. 程控主逻辑

该控制方案需要通过 SQC 功能块来实现。SQC 功能块用于设备的程控，按顺序完成一连串的反馈与控制，SQC 功能块及引脚说明如图 6.92 所示。

图 6.92　SQC 功能块及引脚说明

锅炉点火程控主逻辑及对应的点详细面板分别如图 6.93 和图 6.94 所示。

为了实现点火程控的功能，组态中需要对 SQC 功能块的几个参数分别进行设定。其中，TMinA 和 TMaxA 均为数组，单位为秒。以 TMinA[1] 为例，代表第一步结束之后第二步开始之前的间隔时间。TMaxA[1] 代表第一步的最大动作时间。组态时，TMinA 和 TMaxA 必须设置。该方案通过将 TMinA[3] 设置为 300 s，实现程控方案中"当吹扫阀开到位 5 min 后关吹扫阀"的功能。根据点火程控方案的具体要求，TMinA 和 TMaxA 时间设置如图 6.95 所示。

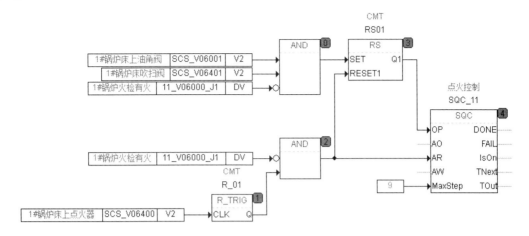

图 6.93　锅炉点火程控主逻辑

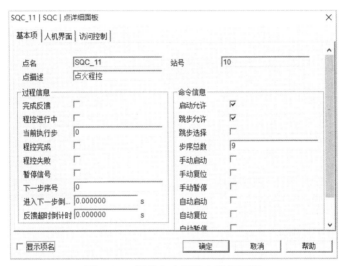

图 6.94　锅炉点火程控点详细面板

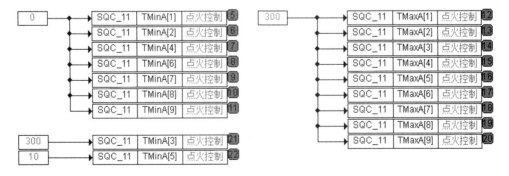

图 6.95　锅炉点火程控步序时间设置

3. 程控步序

根据程控方案的要求,结合流程图,点火程控共分为九步来完成。其中,前五步为点火启动程控,后四步为点火停止程控。图 6.96 所示为锅炉点火启动程控。

（1）第一步:进锅炉床上 #1 油枪。

（2）第二步:进锅炉床上 #1 点火枪。

（3）第三步:开锅炉床上 #1 吹扫阀。

（4）第四步:5 min 后,关锅炉床上 #1 吹扫阀。

（5）第五步:启动锅炉床上点火器,开锅炉床上油角阀。

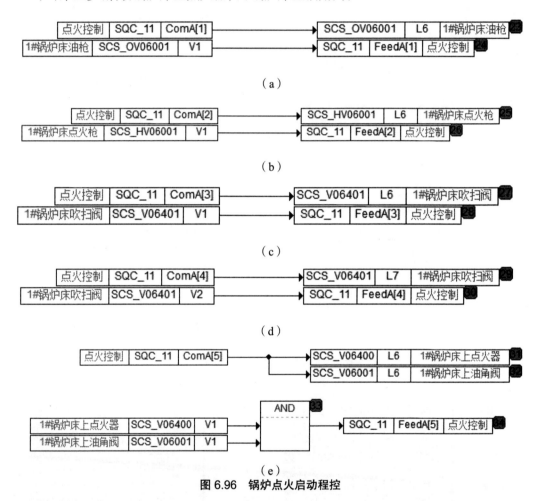

图 6.96　锅炉点火启动程控

图 6.96（a）~（e）所示程序分别对应锅炉点火启动程控的步序一至步序五。其中,第三步之后的吹扫 5 min 时间判断是通过点火程控步序时间设置中的 TminA[3] 来实现的。在每步程控步序中,ComA 和 FeedA 分别对应指令数组和反馈数组。例如,ComA[1] 代表程控第一步指令输出,FeedA[1] 代表第一步反馈输入。

在该逻辑中,当程控启动允许条件满足（OP=TRUE）,手动启动程控时,ComA[1] 输出为 TRUE 信号,此时开始执行第一步,推进油枪,通过锅炉床油枪顺控逻辑实现自动进油枪的功能。当油枪推进到位时 FeedA[1] 输入信号为 TRUE,由于 TMinA[1] 设置为 0,此时 ComA[2] 输出为 TRUE,直接执行第二步,推进点火枪,后面步序以此类推。

图 6.97 所示的四个步序为点火停止程控按照程控方案的要求,当计时 10 s 后,开始进行点火停止程控。

（6）第六步：10 s 后,停锅炉床上点火器;若检测到火焰,则进行下一步,否则点火失败,程控复位。

（7）第七步：退锅炉床 #1 油枪。

（8）第八步：退锅炉床上 #1 点火枪。

（9）第九步：炉膛温度大于 850 ℃,关锅炉床上油角阀。

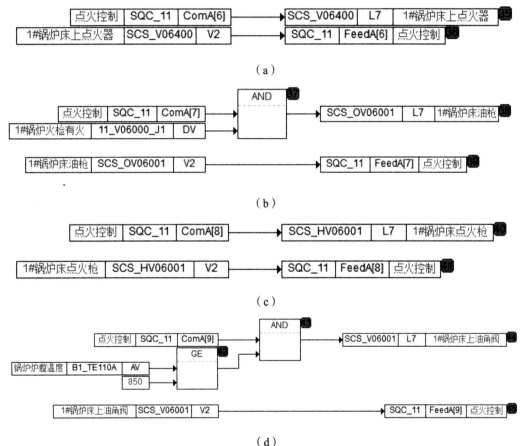

（a）

（b）

（c）

（d）

图 6.97　锅炉点火停止程控步序

4.点火程控操作面板

本案例中 SQC 操作面板是通过调用符号完成的,用于程控系统的启动、故障时的复位、中间暂停,以及每一步骤执行的状态监视。

调用符号的存储路径为"系统符号库 \ 动态设备符号 \ 按钮符号 \ 程控（新）",如图 6.98 所示。

　　将符号拖曳至图形编辑区域后,鼠标左键双击图形进行符号属性的设置,图 6.99 所示为程控符号属性的设置。

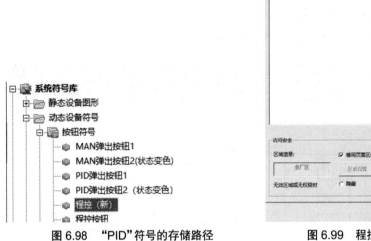

图 6.98　"PID"符号的存储路径　　　　　　　图 6.99　程控符号属性的设置

　　在线运行后,弹出的点火程控操作面板如图 6.100 所示。

程控启动按钮

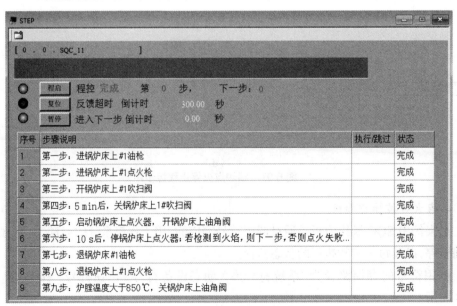

图 6.100　锅炉点火程控操作面板

　　运行中,通过单击图 6.100 所示的"程启"按钮,弹出相应的点火程控操作面板。该面板包括点火程控的所有步序,可以通过鼠标左键双击每一步步序,直接添加或修改步序说明,使用更方便、直观。

结束语

    本书作为和利时 DCS 技术学习用书，以 HOLLiAS MACS V6 版本为基础，广泛采用了电力和化工行业的实际案例进行讲解，从编写到最终出版先后得到了和利时公司各级领导的大力支持和指导，也得到了广大用户的深切关注，在此表示诚挚的感谢！真诚希望该书能为广大读者学习 DCS 提供帮助。

附件 术语名词

- DCS：Distributed Control System，分布式控制系统。
- PLC：Programmable Logical Controller，可编程逻辑控制器。
- MES：Manufacturing Execution System，制造企业生产过程执行系统。
- ES：Engineer Station，工程师站。
- OPS：Operator Station，操作员站。
- HIS：History Station，历史站。
- FCS：Field Control Station，现场控制站。
- SNET：System Net，系统网。
- CNET：Control Net，控制网。
- AT：AutoThink 的缩写，为和利时自主研发的一款组态软件。
- I/O 模块：Input/Output 模块，是一个有功的、电子的信号处理单元，包含模拟 / 开关量输入、模拟 / 开关量输出。
- AI：Analog Input，模拟输入。
- DI：Digital Input，数字输入。
- DO：Digital Output，数字输出。
- AO：Analog Output，模拟输出。
- 现场侧：系统与现场相连的部分，主要包括 AI、DI、DO、AO 通道。
- 系统侧：系统与现场没有直接连接部分，包括控制器、I/O 模块处理器和通信部分。
- 运算周期：控制器两次执行用户逻辑的间隔时间。
- 全通道扫描时间：输入模块所有通道采集一次，并将采集到的数据写入通信缓冲区的时间；或输出模块从输出缓冲区取出所有通道输出命令并且刷新所有通道输出状态的时间。
- 控制周期 / 系统响应时间：AI 或 DI 模块对现场信号进行采集，采集完毕后通过 I/O Bus 将结果送到控制器，控制器进行输入数据表决、运算、运算结果再表决处理后，将最终结果通过 IO-Bus 输出到 DO 或 AO 模块，DO 或 AO 模块通过对应通道输出，三冗余的模块通道再次表决后，通过继电器端子模块输出到现场，整个过程所消耗的时间。
- 无扰切换：对于输入模块而言，是指在主备切换过程中，现场信号最多延迟一个最小的运算周期上报；对于输出模块而言，是指在主备切换过程中，输出命令最多延迟一个最小的运算周期发送给输出模块。
- 变量：一个值或者一段信息的数据载体，用来将算法和显示连接在一起，一个数据类型的信息通过变量可以进行传输。

- 变量声明:定义新变量的操作过程。
- 初始值:变量在初始化控制站使用时的数值。
- FB:Function Block(功能块)。
- FUN:Function(功能或函数)。
- HMI:Human Machine Interface,人机界面,为用户和机器之间提供用户交互功能。
- HUB:一个多端口的转发器,当以 HUB 为中心设备时,网络中某条线路产生了故障,并不影响其他线路的工作。
- 库:需要重复使用的对象的仓库。
- PRG:Program(程序)。
- POU:Program Organization Unit(程序组织单元)。
- 调试:按照设计和设备技术文件规定对算法程序进行调整、整定和一系列试验工作。
- 网络变量:由全局变量得来,可以同时被多个站使用,其中只有一个站可以读写,其他站只可读。
- 下装:将调试模式下通过语法检查的程序或者部分程序转移到控制器的过程。
- 组态:在未与控制器连接时,在工程师站配置或者修改用户 POU;组态内容可以执行。

参考文献

[1] 王常力,罗安.分布式控制系统(DCS)设计与应用实例[M].北京:电子工业出版社,2004.

[2] 武平丽,高国光.流程工业工程控制[M].北京:化学工程出版社,2008.